# 动物百科

瑾蔚 编著

北方妇女儿童出版社
·长春·

**图书在版编目（CIP）数据**

动物百科 / 瑾蔚编著. -- 长春 : 北方妇女儿童出版社, 2023.6 (2024.6 重印)
（中国少年儿童大百科）
ISBN 978-7-5585-7376-7

Ⅰ. ①动… Ⅱ. ①瑾… Ⅲ. ①动物—少儿读物 Ⅳ. ①Q95-49

中国国家版本馆 CIP 数据核字（2023）第 028933 号

**动物百科**
DONGWU BAIKE

| | |
|---|---|
| **出 版 人** | 师晓晖 |
| **策 划 人** | 陶　然 |
| **责任编辑** | 曲长军　庞婧媛 |
| **开　　本** | 889mm×1194mm　1/16 |
| **印　　张** | 14 |
| **字　　数** | 250 千字 |
| **版　　次** | 2023 年 6 月第 1 版 |
| **印　　次** | 2024 年 6 月第 2 次印刷 |
| **印　　刷** | 旭辉印务（天津）有限公司 |
| **出　　版** | 北方妇女儿童出版社 |
| **发　　行** | 北方妇女儿童出版社 |
| **地　　址** | 长春市福祉大路 5788 号 |
| **电　　话** | 总编办 0431-81629600 |
| | 发行科 0431-81629633 |
| **定　　价** | 88.00 元 |

# foreword
# 前 言

在我们美丽的地球上，生活着许许多多的动物。人们将它们分为脊椎动物和无脊椎动物两大类。脊椎动物又可分为盲鳗纲、七鳃鳗纲、软骨鱼纲、硬骨鱼纲、两栖纲、鸟纲和哺乳纲八纲。无脊椎动物多数个体很小，主要有环节动物、软体动物、节肢动物等，种类非常多，占整个动物种数的 90%以上。当然，世界上还有许多种动物尚未被发现，它们也是地球的一员。这些神奇的动物有着自己的生活习性，它们用自己最独特的方式活跃在世界的每一个角落，与人类共铸这个美丽的家园。

但由于生态环境的破坏以及人们的过度捕杀，许多动物已濒临灭绝。保护动物是我们义不容辞的责任。带上你最丰富的想象走进本书吧！本书将会为你一一揭开动物世界的各种秘密。

contents

# 目录

## 哺乳动物


猎　豹……2
长颈鹿……4
非洲象……6
老　虎……8
狮　子……10
斑　马……12
斑点鬣狗……14
猞　猁……16
袋　鼠……18
大熊猫……20
穿山甲……22
猩　猩……24
狒　狒……26
眼镜猴……28
松鼠猴……30
长臂猿……32
棕　熊……34
浣　熊……36
小熊猫……38

草原犬鼠……40
刺　猬……42
骆　驼……44
北极熊……46
雪　豹……48
考　拉……50
负　鼠……52
大食蚁兽……54
梅花鹿……56
鲸……58
豚　鼠……60
河　狸……62
树　懒……64
犀　牛……66
蝙　蝠……68
家　猪……70
马……72
兔　子……74
狗……76

## 鸟　类

鸵　鸟……80
鸸　鹋……82
秃　鹳……84
游　隼……86
犀　鸟……88
啄木鸟……90
猫头鹰……92
蜂　鸟……94
巨嘴鸟……96

戴　胜…………………………………… 98
鹦　鹉…………………………………… 100
海　鹦…………………………………… 102
雪　雁…………………………………… 104
燕　鸥…………………………………… 106
企　鹅…………………………………… 108
信天翁…………………………………… 110
白鹈鹕…………………………………… 112
吸蜜鸟…………………………………… 114
伯　劳…………………………………… 116
金　雕…………………………………… 118
军舰鸟…………………………………… 120
孔　雀…………………………………… 122
红　鹤…………………………………… 124
天　鹅…………………………………… 126
丹顶鹤…………………………………… 128
白头海雕………………………………… 130
杜　鹃…………………………………… 132
鸽　子…………………………………… 134

## 鱼　类

鲶　鱼…………………………………… 138
电　鳗…………………………………… 140

刺　鲀…………………………………… 142
箱　鲀…………………………………… 144
锦　鲤…………………………………… 146
孔雀鱼…………………………………… 148
弹涂鱼…………………………………… 150
金　鱼…………………………………… 152
食人鱼…………………………………… 154

## 爬行动物

眼镜蛇…………………………………… 158
变色龙…………………………………… 160
蜥　蜴…………………………………… 162
壁　虎…………………………………… 164
鳄　鱼…………………………………… 166
乌　龟…………………………………… 168
阿尔达布拉龟…………………………… 170

## 两栖动物


青　蛙…………………………………174
蟾　蜍…………………………………176
牛　蛙…………………………………178
蝾　螈…………………………………180
箭毒蛙…………………………………182
树　蛙…………………………………184


## 昆　虫


蟋　蟀…………………………………188
瓢　虫…………………………………190
蚂　蚁…………………………………192
蜜　蜂…………………………………194
蚕………………………………………196
螳　螂…………………………………198
金龟子…………………………………200
天　牛…………………………………202
椿　象…………………………………204
蝗　虫…………………………………206
蝉………………………………………208
蜻　蜓…………………………………210
蝴　蝶…………………………………212
蛾………………………………………214

# 哺乳动物

哺乳动物是最高等的动物，它们最典型的特征是胎生和哺乳。我们身边最常见的猫、狗是哺乳动物，动物园里的老虎、大象是哺乳动物，在天上飞行的蝙蝠、在海里游泳的鲸也是哺乳动物。

# 猎 豹

和陆地上其他大型猫科动物相比，猎豹真的很不寻常。它那细长的身体，灵敏的头部和有力的后肢，仿佛就是为奔跑而生，这正是它能在残酷的非洲大草原上生存下来的原因。

**archives 动物小档案**

类 属：哺乳纲—食肉目—猫科
身 长：1~1.5 米
体 重：50~100 千克
食 物：羚羊、野兔、斑马
分布地区：非洲广阔的热带草原上

## 自身优势

猎豹的体形轻巧，骨质很轻，外皮松弛，腿细长。当猎豹高速奔跑时，它的后爪能够伸到前爪的前面，整个身体弯成一张弓。它有一个特别大的肺，在短时间内可以提供足够的氧气。这些天生的生理结构使得猎豹可以快速奔跑。

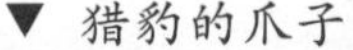

▼ 猎豹的爪子

## 穿钉鞋的猎豹

猎豹的爪子在幼年时是可以完全收缩的，但成年后就不能收回来了，会变得和狗爪一样钝。但它却带来了另外的好处，那就是猎豹在高速奔跑时，爪子能紧紧抓住地面，就像短跑运动员的钉鞋。

## 绝对的世界短跑冠军

猎豹是目前陆地上奔跑速度最快的动物，它的时速可以达到每小时 120 千米。但是猎豹只擅长短跑，在长距离奔跑时，速度就慢多了，每小时的平均速度约为 60 千米，相当于非洲鸵鸟的速度。

◀ 猎豹在奔跑时，有一大半时间身体可以处在半空中



## 嗅出来的新鲜

猎豹的嗅觉十分发达，它只要闻一下就知道食物是否新鲜，不新鲜的东西绝对不吃，哪怕是上顿剩下来的也会弃之不要。实际上猎豹的味觉器官不发达，灵敏的嗅觉代替了一部分味觉的感受。

## 胆小的猎豹

非洲大草原上有很多凶狠的食肉动物。有时候，猎豹辛辛苦苦捕来的食物会成为这些动物的美餐。比如，斑点鬣狗经常来抢夺猎豹的食物，而猎豹只有悻悻地离开，俨然是一个受气包。

▲ 猎豹的嗅觉十分灵敏

▼ 斑点鬣狗抢夺猎豹的猎物

# 长颈鹿

长颈鹿是陆地上最高的动物，成年长颈鹿的身高可达 4~6 米。长颈鹿皮肤上的花斑网纹是一种天然的保护色，优雅的长颈、大而突出的眼睛很利于它们远眺，可以及时发现危险。

archives 动物小档案

类 属：哺乳纲—偶蹄目—长颈鹿科
身 长：4~6 米
体 重：900~1800 千克
食 物：植物的叶子
分布地区：非洲的稀树草原、灌木丛和撒哈拉沙漠南部的森林地带

## 个子高，血压也高

因为长颈鹿的个子太高了，为了将血液送到高高在上的大脑中，它们必须提高体内的血压，所以长颈鹿的血压要比人类的正常血压高两倍甚至更多。如果把这样的血压放在别的动物身上，那么这种动物肯定会因脑溢血而死去。

▼ 长颈鹿在适应环境的过程中，为满足取食需要而逐渐演化的长脖子

◀ 小长颈鹿出生后数小时就有行动能力了

## 巨型婴儿

长颈鹿宝宝一生下来就有 2 米左右高，出世后首先要接受从高处摔落的考验。长颈鹿宝宝摔下时总是头朝地，这看似很危险，但实际上可以帮助小长颈鹿做一次深呼吸，就像刚出生的婴儿的第一声啼哭一样。

## 喝水真累

长颈鹿喝水时，高大的身体会给它带来莫大的麻烦，它要拼命地叉开四条腿，压低身体，头使劲往下埋，才能勉强碰到水面，并且还要不时地抬头观望敌情。所以长颈鹿都不太喝水，它们喜欢吃些嫩叶来补充身体需要的水分。

▲ 喝水不方便

## 站着睡安全

长颈鹿腿长脖子也长，躺下再站起来很不容易，所以常常站着睡觉。当长颈鹿觉得周围很安全时，也会躺下来睡觉。但是，如果遇到突然袭击，它很难迅速站起来逃跑，往往就这样葬送了自己的性命。

## 让你“大”吃一惊

长颈鹿的脚长得很大，有的直径可以达到 30 厘米，它们的心脏有 60 厘米长，肺可以容纳 55 升的空气，就连舌头也有 40~50 厘米长。

▶ 为了能迅速脱离危险，长颈鹿一般是站着睡觉的

▼ 长颈鹿的舌头长达 40 厘米，嘴唇又薄又灵活

# 非洲象

非洲象是陆地上现存体形最大的哺乳动物，它最明显的特征莫过于其庞大的身躯、举世闻名的象牙和灵活自如的长鼻子了。别看它外表温顺，行动迟缓，其实它的性情很暴戾，被激怒后会快速奔跑，也会向敌人发起进攻。

archives动物小档案

类　属：哺乳纲一长鼻目一象科
身　长：2~4 米
体　重：3~8 吨
食　物：树叶、果实和草
分布地区：非洲

▼ 大象喜欢将水吸入象鼻，然后喷到全身

▼ 非洲象的耳朵像两把大扇子一样

## 多功能鼻子

大象的鼻子异常灵敏，最远能闻到 1000 米以外的异常气味。不仅如此，长鼻子还是它的御敌武器，它能将“敌人”卷起，抛向天空，落地后再用脚踩死。当大象洗澡时，象鼻就成了“淋浴器”，它用长鼻子“呼噜”一声就吸起一满桶的水，然后喷洒在身上，痛痛快快地洗个淋浴。

## 超大的耳朵

你也许不会相信，大象的耳朵展开长度能达到 1.5 米，而且和非洲的地图形状非常相像。这对超大的耳朵就像暖气的散热片一样，当血液流过耳朵时会把多余的热量散发掉，大象就不会感觉那么热了。

## 珍贵的象牙

非洲象在自然界中是没有天敌的，给它们招来杀身之祸的是它们那对珍贵的象牙。象牙就是象上腭的门牙，质地很硬，用象牙制造的艺术品价格昂贵，不法分子常以此获利。

▶ 不管象群遭遇什么危险，母象都不会放弃小象自己逃生

▲ 非洲象长着很长的牙齿

## 好大的胃口

非洲象有一副好胃口，有时一天可以吃掉 200 千克左右的食物，喝下 100 多升水。除了睡觉，它醒着的时间都在进食。

▲ 非洲象除了睡觉，醒着的时间都在进食

## 亲情永存

非洲象过着社会性很强的群居生活，象群由 30~40 只雌象和幼象组成，一只最老的雌象是这个家族的首领，它会像“祖母”那样照顾家庭中所有的成员。当有大象死亡时，其他的同伴会感到悲哀，并不断地摇它，试图将它摇醒。

# 老 虎



老虎是一种凶猛的食肉动物，也是现存最大的猫科动物。它们身披淡棕色或褐色毛皮，腹部为白色或淡黄色，身上有灰色或黑色的美丽条纹。蓝色的眼睛中常常带有冰冷的杀气，似乎在宣告着自己那至高无上的王者地位。

## 王者之“气”

气味是老虎最具权威性的“身份证件”，它们分泌的气味相当浓烈，可持续 3 个星期。

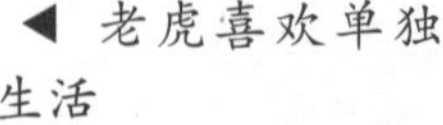

◀ 老虎喜欢单独生活

archives 动物小档案

类　属：哺乳纲—食肉目—猫科
身　长：1.4~3.5 米
体　重：250~350 千克
食　物：小鹿、野猪、大羚羊等
分布地区：中国、俄罗斯西伯利亚、南非、东南亚的森林和热带雨林中

## 致命的牙齿

老虎常用巨大而尖锐的牙齿死死地咬住猎物，直至猎物死亡。牙齿的力量很大，可以把猎物撕碎吞食。最后，它们还会用粗糙的舌头，把猎物的骨头和表皮上所有残存的血肉舔得干干净净。

▼ 老虎有着尖锐的牙齿

## 灵敏的感官

老虎在夜间暗淡的光线中观察物体的能力是人类的 6 倍，它们的眼睛能够反射任何照射在地面上的光线，所以在黑暗中总是幽幽地闪光，敏感的胡须也可以帮助它们在黑暗中探路。

▼ 老虎的胡须对障碍物很敏感

## 日常生活

白天，老虎大多数时候会潜伏休息，没有大的动静，一般很少出来活动。当光线暗下来的时候，它们开始四处游荡，寻找食物。它们不喜欢炎热的天气，因此夏天的时候，会躲在凉爽的树荫下，养精蓄锐，有时还会跑到水塘里洗个澡，降降温。

## 捕猎方式

老虎天生就是出色的杀手，拥有各种精良的攻击武器，但它们很少追击猎物，而是多以伏击的方式攻击猎物，用最小的消耗获得最大的回报。它们会慢慢靠近猎物，然后突然跃起发动攻击，用牙齿死死咬住猎物的喉咙将其杀死，然后饱餐一顿。

▼ 嬉水的老虎

▼ 老虎的跳跃能力很强，并有自己独特的攻击方式

# 狮 子

狮子被称作“草原霸主”“百兽之王”。它们以家庭为单位，生活在非洲草原。狮子全身长着黄褐色短毛，尾端的毛为黑色。雄狮的体型比雌狮略大，颈部长着金黄色或棕色的鬃毛，显得威风凛凛。

▼ 雄狮长有长长的鬃毛，一直延伸到肩部和胸部

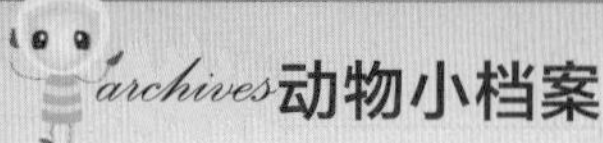


类　属：哺乳纲—食肉目—猫科
身　长：1.8~2.7 米
体　重：120~280 千克
食　物：长颈鹿、羚羊、斑马
分布地区：非洲草原

## 英俊的雄狮

雄狮有美丽的狮鬃，看起来威风八面，是草原的王者。但实际上雄狮的动作比雌狮要缓慢，容易被猎物发现，所以它的任务就是保护领地家族的安全。而捕猎的任务一般由雌狮完成。

## 等级分明

狮群中等级分明，雌狮与幼狮必须懂得尊卑，只有在一家之主——雄狮吃饱后，它们才可以吃剩下的食物。

你有没有注意到，在所有哺乳动物中，只有狮子可以让人一眼看出是雌还是雄，其他动物都没有那么明显的特征。

▼ 雄狮享用猎物

## 勤劳的雌狮

雌狮主要承担打猎和哺育幼狮的任务，它们可以杀死比自己大得多的猎物，如斑马和野羚。然后把猎物带回家，供雄狮和幼狮享用。

## 母系社会

狮群是典型的母系社会体制。一个狮群里所有的雌狮都是亲戚，或是姐妹，或是母女关系，雄狮在狮群中只不过是一个匆匆过客。

▲ 雌狮

▶ 雌狮捕猎

◀ 雌狮哺育幼狮

## 胜王败寇

在狮子的领地中，雄狮的主要职责是必须防范其他雄狮进入家园。因为其他雄狮的到来是为了取代它的位置。一旦新来的雄狮在决斗中获胜，它就会杀死狮群中的幼狮，让雌狮为自己生育后代。

▶ 幼狮一般会跟随着雌狮长到2岁左右

▼ 狮子以家庭为单位，结群生活

# 斑　马

斑马全身布满黑白相间的条纹，这些条纹一方面具有扰乱敌人视线的功能，一方面还是种族间互相辨认的标志。斑马的奔跑速度很快，黑白条纹的“衣服”可以帮助它巧妙地隐身，因此常常能躲过狮子等猛兽的追杀。

archives 动物小档案

类　属：哺乳纲—奇蹄目—马科
身　长：2~2.4 米
体　重：约 350 千克
食　物：杂草
分布地区：非洲草原，尤其是肯尼亚和埃塞俄比亚

▲ 不同的斑马身上的条纹也互不相同

▼ 斑马周身的条纹和人类的指纹一样没有任何两头完全相同

## 高明的“隐身术”

科学家发现，眼睛对黑、白两种颜色的感光程度有差异。斑马在“服装”设计中，巧妙地运用了这一点，再加上它奔跑速度奇快，给捕猎者一种“雾里看花”的感觉，从而躲过追击。

## 条纹的另一好处

在非洲大陆有一种可怕的昆虫——舌蝇，这种昆虫是传播睡眠病的媒介。但是斑马却能成功地躲过舌蝇的困扰，因为舌蝇只被同一颜色的大块面积所吸引，对一身黑白条纹的斑马往往视而不见。

## 共同生活

斑马是一种群居动物，集群中有领队，也有哨兵轮流站岗。有时，斑马也会跟其他动物，如长颈鹿、角马、羚羊等植食动物一起生活，这不仅可以分享共同的食物，也可以相互传达敌人袭击的危险信号，共同御敌。

▲ 斑马和长颈鹿在一起就像拥有了一座瞭望塔

## “水利专家”

在所有动物中，斑马找水的本领最高强。它们可以找到干涸的河床中有水的地方，然后用蹄子挖土，有时甚至可以挖出深达 1 米的水井，这些水井也方便了其他动物。

## 母子间的情感“交流”

斑马妈妈会花很多时间为刚出生的小宝宝舔舐身体，这样做是为了与宝宝熟悉彼此气味，增进“情感交流”。

▼ 一群喝水的斑马

▼ 小斑马吮吸母乳

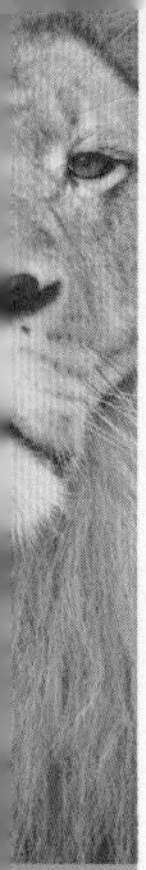

# 斑点鬣狗

斑点鬣狗学名斑鬣狗，是非常凶猛的肉食动物，它们擅长清理动物吃剩的肉和骨头，被称为草原上的“清道夫”。斑点鬣狗集体捕猎的本领更是强大，很多大型动物都难逃它们的追捕，所以有人说斑点鬣狗是草原上真正的杀手。

**archives 动物小档案**

类　属：哺乳纲—食肉目—鬣狗科
身　长：0.95~1.6 米
体　重：40~86 千克
食　物：羚羊、斑马
分布地区：非洲干燥的草原和沙漠地带

## 外形特征

斑点鬣狗的外形很像狗，但头部又短又圆，身材也很不匀称，前半部分要比后半部分粗壮。另外，斑点鬣狗的毛色不是棕黄色就是棕褐色，上面还有类似豹子那样的黑褐色斑点。

斑点鬣狗雌性会自行带大幼崽

## 与众不同的群居生活

鬣狗和很多群居的哺乳动物不同，在任何一个数量达到 30 只的狗群中，所有的成年雄狗之间都有血缘关系，而所有的成年雌狗则来自另一群体。成年鬣狗得到食物后，通常会让幼狗先吃，这一点也不同于其他动物。

▼ 斑点鬣狗属于夜行动物，白天一般在草丛中或洞穴中休息

## 强有力的竞争者

在非洲大草原上，对于其他猎食者来说斑点鬣狗是个强有力的竞争者。单枪匹马的斑点鬣狗有时可以轻而易举地抢走猎豹的食物，它们集体捕猎时，可以将很多大型动物送上自己的餐桌。

▲ 斑点鬣狗有着强大的颌骨和牙齿

## 团结合作

斑点鬣狗是最讲究合作的动物。它们的捕猎方式很科学：先是散开，然后再渐渐从四面八方靠近并包围猎物，使它不能逃脱。一旦有一只鬣狗咬住猎物，其他的鬣狗则一哄而上，再大的猎物恐怕也难逃厄运。

▲ 斑点鬣狗成群结队一起猎食

## 斑点鬣狗的“爱情”

对于大多数动物来说，雄性通过各种手段来吸引雌性，或者通过与竞争者斗争的方式来赢得雌性。但是斑点鬣狗只对温顺的雄鬣狗有好感，那些爱出风头或者横行霸道的雄鬣狗往往是不受欢迎的。

▲ 斑点鬣狗求爱有时可以长达1年

### 独特的笑声

夜晚的时候，斑点鬣狗会出来活动、觅食。因此，入夜后，非洲草原深处会传来嗥叫声和令人毛骨悚然的哈哈大笑声，而那正是斑点鬣狗在围捕猎物或互相打斗发出的狰狞笑声。

# 猞 猁

猞猁又叫作羊猞猁、马猞猁，外形很像猫，但个头比较大。猞猁最明显的特征是两只竖立的耳朵及耳尖上的一簇长毛。它们性格狡猾而谨慎，行动敏捷，善于攀树，会采用巧妙的战术捕获猎物。

▶ 猞猁外形似猫，但比猫大得多，属于中型的猛兽

## 珍贵的皮毛

猞猁是国家二级保护动物，猞猁的皮毛很珍贵，具有很高的经济价值。当人们穿着这样高档的皮毛衣服时，是否会想到那是以我们野生动物朋友的生命为代价的呢？

▲ 猞猁蹑手蹑脚地潜近，再潜近，冷不防地猛扑过去，使猎物防不胜防地束手就擒

## 以静制动

长期的捕猎经验告诉猞猁，耐心是至关重要的。猞猁觅食时，总是极有耐心地潜伏在灌木丛、草丛或树上静静等着猎物“自投罗网”，待猎物经过时，再找准时机快速出击，将其捕食。如果没有捕到猎物，它也不会穷追不舍，而是返回原处，继续耐心等待。

## 狡猾的猞猁

猞猁会运用一些巧妙的战术与伙伴们合作捕食。比如，一只猞猁捕捉野兔时，另一只会在野兔逃跑的路上埋伏，或者两只猞猁从猎物的两边包抄。

◀ 猞猁会运用一些巧妙的战术捕食猎物

▲ 羊猞猁

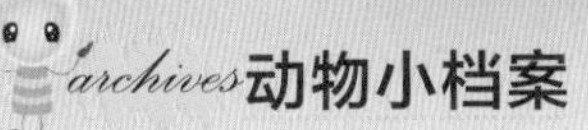

动物小档案

类　属：哺乳纲—食肉目—猫科
身　长：90~130 厘米
体　重：18~32 千克
食　物：野兔、老鼠
分布地区：北欧、东欧和亚洲地区

## 羊猞猁

羊猞猁个体较大，体毛为灰棕色，背毛的顶端呈青白色，就像在全身敷了一层白色的浮霜。它们身上的斑点颜色较浅，有的呈棕红色，有的不大分明。

## 日益减少的猞猁家族

因为猞猁的皮毛很珍贵，所以常常遭到捕杀。目前，猞猁在自然界的数量日益减少，国家已将它列为保护对象，认真加以保护，希望它的数量尽快恢复起来。

▼ 猞猁既可以在数公顷的地域里孤身蛰居几天不动，也可以连续跑出十几千米而不停歇

# 袋　鼠

袋鼠是澳大利亚最高大的动物，它看似温文尔雅，实际上强悍好斗。袋鼠以胸前的大口袋而著名，也就是育儿袋。只有负责生育的雌袋鼠才有育儿袋，小袋鼠在里面吃奶、睡觉和玩耍，直到它们长大能够独立生活为止。

archives 动物小档案

类　属：哺乳纲—有袋目—袋鼠科
身　长：2~3 米
体　重：约 90 千克
食　物：草、树叶
分布地区：澳洲大陆

## 最大的“肚兜”动物

在所有长“袋子”的动物当中，个头最大的要数红袋鼠。一只成年的红袋鼠站起来足有 2 米高，从鼻尖到伸直的尾部，总长度将近 3 米，体重约 90 千克，跳跃速度每小时可达 74 千米。

◀ 红袋鼠是体型最大的袋鼠，平均身高约 1.5 米，也是澳洲最大的哺乳动物及现存最大的有袋类

### 形象代言人

袋鼠是澳大利亚草原独有的动物，澳大利亚的国徽上就有袋鼠的标志。

## 跳跃式前进

袋鼠可以直立，后腿长而有力，前肢比较短。袋鼠不会像其他动物那样行走，只能奔跳或跳跃着前行。不过，袋鼠的跳跃能力很强，最高可以跳到 4 米，最远可跳至 13 米，可以说是跳得最高最远的哺乳动物。

▼ 袋鼠不会走路，只能用后腿跳跃前进

▼ 袋鼠通常过着群居生活，“拳击赛事”是它们经常玩的游戏

▲ 被敌害追赶的袋鼠

## 拳击比赛

袋鼠之间经常举办一些“拳击赛事”，其实在它们的世界中，这只是一种无聊时玩的游戏。不过这种游戏有时也被用在向异性表达爱意上。为了争夺伴侣，雄袋鼠之间经常爆发激烈的争斗，它们用强劲的后腿互相踢打对方，甚至还用嘴撕咬。

## 出人意料的逃跑方法

袋鼠碰到强大的对手时，会以最快的速度逃离。当敌人穷追不舍时，它会突然转身，跃过敌人，朝反方向逃跑。这种做法常令追击者目瞪口呆。

## 袋鼠宝贝

初生的小袋鼠只有花生豆那么大。它没有毛，而且什么也看不见。它们一生下来就爬进妈妈的育儿袋里，然后选中一个乳头吸吮乳汁。直到育儿袋中已没有足够的空间容纳它时，它才离开妈妈的怀抱。

▲ 小袋鼠在育儿袋里被抚养长大，直到它们能在外部世界生存

# 大熊猫

大熊猫是我国独有的动物，它圆滚滚的身材、黑白分明的皮毛和憨态可掬的形象赢得了世界各地人们的喜爱。目前，大熊猫的总数仅有几千只，人类已在尽最大的努力留住这种珍贵稀有的动物。

archives 动物小档案

类　属：哺乳纲—食肉目—大熊猫科
身　长：120~180 厘米
体　重：60~110 千克
食　物：竹子、昆虫、鱼
分布地区：中国西部海拔 2500~4000 米的高山上

## 名字趣闻

最初大熊猫的名字叫“猫熊”，1869 年一个叫大卫的法国人来到中国，他被这种奇妙的动物所震撼，就把猫熊介绍给全世界。因为外国人不知道当时中国的字是从右往左读，后来就渐渐地被叫成了“熊猫”或“大熊猫”。

◀ 吃竹叶的大熊猫　▲ 毛茸茸的大熊猫憨态可掬

## 大熊猫的食物

竹子、竹笋和竹叶是大熊猫最喜欢的食物，不过它们偶尔也吃香红花、龙胆草、鱼、昆虫及一些小型动物。大熊猫一天当中差不多有 14 个小时都在进餐，它一天能吃掉 20 千克竹子。

## 爬树游泳

大熊猫虽然平时动作迟缓，但是一旦遇到敌人，就会迅速爬到树上去，躲避起来。大熊猫还喜欢游泳，天气炎热时就泡在河水中游戏玩耍。

## 划分地盘

笨拙的大熊猫常常会在大树旁倒立，可别以为它们在做高难度“体操”，其实这是为了将体味留在树干上，以避免和一些“兄弟”发生冲突 。

▲ 大熊猫玩水消暑

▲ 在树上倒立的大熊猫

▼ 大熊猫妈妈和幼崽

## 疼爱宝宝

熊猫幼仔生下来时非常小，熊猫妈妈有时会把它们捧在手上，寸步不离，甚至不吃不喝。等幼仔稍大后，熊猫妈妈就将孩子抱在怀里。行动时，它们会把孩子驮在背上。就这样一直用乳汁喂养2年。

# 穿山甲

穿山甲长得尖头尖尾的，除腹部、面部及四肢内侧外，身体上都披着角质鳞片。穿山甲最爱吃的食物就是蚂蚁，它还会运用计谋捕食呢。根据季节的变化，穿山甲会改变住所让自己住得更舒服。

▲ 穿山甲用强健的前肢爪掘开蚁洞，将鼻吻深入洞里，用长舌舔食之

## 穿山之术

穿山甲用前肢挖洞，后肢刨土，速度极快。有时先用前爪把土挖松后，再把身子钻进去，然后竖起全身坚硬的鳞片往后退，将松土推出 。它们可以灵活地在土里进进出出，好像有“穿山之术”一样。

### archives 动物小档案

类　属：哺乳纲—鳞甲目—穿山甲科
身　长：50~100 厘米
体　重：1.5~7 千克
食　物：蚂蚁、蝗虫
分布地区：非洲、亚洲的热带地区

▼ 穿山甲长着小眼、小嘴、小耳朵。除腹部、面部及四肢内侧外，身体上都披着角质鳞片

## 多变的住所

穿山甲多在丘陵山地的灌木丛、杂树林等地带挖洞而居，并且“住所”很不固定。冬春两季，它们会迁到较低的、背风向阳的山坡栖息；夏秋时节雨水多，天气热，它们又搬到较高的山坡上，既凉快又不易被雨水冲刷。

◀ 穿山甲在潮湿的地方挖穴而居

## 良好的胃功能

由于穿山甲世代以蚁类为食，牙齿已经退化了。不过，它们会借助吞食到胃中的小沙粒，把食物磨碎。

▲ 穿山甲捕食蚁及其幼虫、蜜蜂、胡蜂和其他昆虫幼虫等

## 运用计谋觅食

有时候，一只穿山甲的鳞片下爬满了蚂蚁，而它却无动于衷。原来，这是聪明的穿山甲的诱敌之计。等到蚂蚁足够多时，穿山甲就会骤然收紧鳞片，把蚂蚁关在里面。然后，它走到附近的河里，放开鳞片把蚂蚁全都抖落在水面上，然后就可以悠然地美餐一顿了！

▼ 穿山甲觅食时，以灵敏的嗅觉寻找蚁穴

▼ 穿山甲遇敌时则蜷缩成球状，坚硬的硬壳令猛兽难以咬碎或下咽

# 猩　猩

archives动物小档案

类　属：哺乳纲—灵长目—猩猩科
身　长：70~100 厘米
体　重：40~50 千克
食　物：果实、蚂蚁
分布地区：非洲中部赤道地区

猩猩和大猩猩、黑猩猩、长臂猿统称类人猿。它们具有和人类最为接近的体质特征，并会像人类一样表达自己的情绪，许多行为都与人类非常接近，所以说它们是人类的“近亲”。

动物百科

## 认识镜像的猩猩

人类通过镜子认识自己的镜像，令人难以置信的是，在这个世界上，还有两种动物认识自己的镜像，你知道是什么动物吗？那就是海豚和猩猩，它们都是自然界中的高智商动物。

▶ 大猩猩的大脑与人脑结构相似，是自然界中智商最高的动物之一

◀ 愤怒的猩猩发出巨大的吼叫声

## 丛林里的男高音

雄猩猩发出的声音非常大，在密林中可以传出1千米远，这能帮助它们确定自己的领土。有时它会拍打着自己的胸脯嗷嗷大喊，似乎在说：“我是人猿泰山！”

◀ 大猩猩是相当温和、善良、安静的素食主义者

## 温和的大猩猩

大猩猩大都健壮魁梧，它们全身覆盖着黑褐色的毛，但有些大猩猩的毛略呈灰色，有些则长着棕红色的毛。别看大猩猩的外表长得粗暴可怕，其实它们性情很温和，不太喜欢争斗。

## 情绪化的动物

大猩猩非常聪明，它们与人类一样有情绪，包括爱、恨、恐惧、悲伤、喜悦、骄傲、羞耻、同情及妒忌等，被搔痒时甚至会哈哈大笑！

◀ 大猩猩能做出喜、怒、哀、乐等表情

### “拳步”

大猩猩的身材高大，有长长的手臂，没有尾巴。它虽然常常用双足站立，但行走的时候，仍是四肢着地。大猩猩走路时曲着膝盖，用前肢握拳支撑身体行进，这一行走方式被人们称为“拳步”。

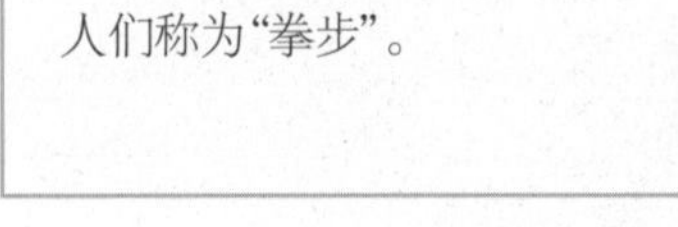

◀ 大猩猩露出欣喜的表情

## 制造工具的黑猩猩

黑猩猩制造工具的本领很强大。它们会找来小树枝，将小树枝上的叶子拔除后，插入白蚁洞中，引诱白蚁爬到树枝上，再抽出树枝慢慢享用美味的白蚁。黑猩猩还能将树叶咬至柔软后浸水，然后饮用。

▶ 黑猩猩在使用某些工具之前甚至能够给予一定程度的加工

# 狒　狒

狒狒的头很大，鼻子突出，面部特征很像狗，脸上光滑无毛，是猴类中体型最大的种类之一。狒狒喜欢群居，成员最多可达 200 多只，首领由最强壮的雄狒狒担任，其他成员也依次排序。

◀ 雄狒狒面对危险时，会先用吼叫的方式威吓对方

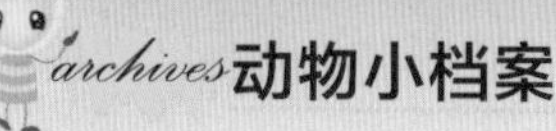

archives动物小档案

类　属：哺乳纲—灵长目—猴科
身　长：50~110 厘米
体　重：14~41 千克
食　物：玉米、壁虎
分布地区：非洲东北部的草原和半沙漠地区

## 权力的象征

狒狒口中的獠牙是权力的象征，越大则地位越高。另外，獠牙也是威慑敌人的有力武器。遇到敌人时，它们首先会龇出长长的獠牙恐吓对手。

## 家族卫士

当狒狒家族遇到危险时，富有战斗力的首领会毫不犹豫地挺身而出对抗敌人，保护群体的安全。即便在撤退途中，队伍的秩序也会有条不紊，雄狒狒总是在最外层保护着雌狒狒与幼狒狒的安全。

▶ 狒狒首领的毛总是油光顺溜，最为光滑，一眼就能看得出

◀ 狒狒群中有明显的等级序位和严明的纪律

## 过过当大王的瘾

狒狒家族的大王拥有自己的"宝座"，大王喜欢"神情高傲"地坐在山坡上休息，俯视着自己的"臣民"。一般成员是绝对不允许碰首领宝座的。但是趁大王不在的时候，也会有一两只胆大的雄狒狒顶着危险偷偷地跃上宝座，过一过当大王的瘾。

## 最佳"阵形"

当狒狒们集体外出时，一些雄狒狒总是走在最前面，中间是幼仔和雌狒狒，最后压阵的是另外的雄狒狒。这样的"阵形"对于雌狒狒和幼狒狒的安全非常有利。

▼ 狒狒外出"阵形"

▼ 狒狒群的数量通常为30~60只，也有200~300只大群

## 面对强敌

当狒狒群遇到狮群时，狒狒们分工明确，有的捡起石块投向狮群，有的怒吼助威，他们会集体将狮群击退。

# 眼镜猴

眼镜猴分布于苏门答腊南部和菲律宾的一些岛上，它的体长和家鼠差不多，只有成人的手掌那么大，体重在 100~150 克。眼镜猴的性情温顺，头大而圆，眼睛特别大，适于夜视。

▲ 眼镜猴长着吸盘一样的手，可以牢牢地吸附在树枝上

▼ 眼镜猴在树枝间跳动

## 吸盘手

眼镜猴有着长长的手指和脚趾。每只手指和脚趾的前端都有吸管状的圆形衬垫，这有助于它们抓紧树干和树枝。

## 娴熟的跳跃技巧

眼镜猴在树枝上移动时很笨拙，通常它们是通过跳跃来移动的。跳跃时，它们伸直自己长长的后腿跳向空中，再落在距离自己 2 米远的另一棵树上。如果有必要，它还能中途拐弯。

▲ 眼镜猴在休息时也会睁着一只眼睛

## 眼镜猴的大眼睛

眼镜猴的眼睛非常大，几乎都快把整个脸都占满了。有趣的是，眼镜猴的眼睛周围还有一圈白毛，看上去好像戴着一副眼镜。它的名字大概也是因此而来的吧。

## 转 360°

在身体不动的情况下，眼镜猴的头几乎能转动整整一圈，这有助于它发现猎物和敌人。

◀ 眼镜猴颈部几乎可旋转 360°

**archives 动物小档案**

类　属：哺乳纲—灵长目—眼镜猴科
身　长：85~160 毫米
体　重：100~150 克
食　物：蝗虫、蜘蛛
分布地区：苏门答腊南部和菲律宾的一些岛上

## 慈爱的妈妈

小眼镜猴常常躺在妈妈的肚皮上，用爪子抓着妈妈的皮毛，把尾巴绕过妈妈的后背。妈妈的尾巴则穿过后肢托着小宝宝的身体，让小宝宝感到安全又踏实。眼镜猴妈妈还时常低下头朝宝宝发出温柔的哼哼声，像唱催眠曲似的。

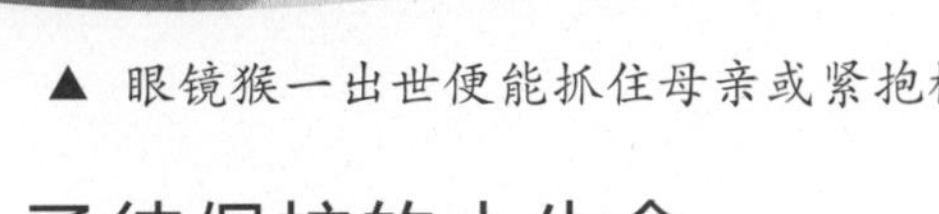

▲ 眼镜猴一出世便能抓住母亲或紧抱树枝

## 亟待保护的小生命

因为一些人相信眼镜猴的骨头可当作药来治病，所以，眼镜猴曾经遭到大量捕杀，现在数量很少，已经被列为国际保护动物。

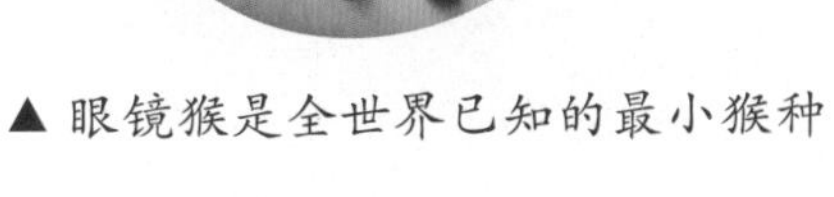

▲ 眼镜猴是全世界已知的最小猴种

# 松鼠猴

如果你走进南美洲原始森林里，就会看到一些可爱的猴子在树间欢快地跳来跳去，它们就是松鼠猴。它们有趣的生活习性一直吸引着人类的关注。

archives 动物小档案

类　属：哺乳纲—灵长目—卷尾猴科—松鼠猴属
身　长：85~160 毫米
体　重：750~1100 克
食　物：鸟蛋、昆虫、植物果实
分布地区：南美洲森林

▲ 比身子长的大尾巴

## 尾巴比身子长

和自己的身体相比，松鼠猴的尾巴的确很长，它的尾巴长度甚至比自己的身体还长那么一点点。因此松鼠猴看起来十分小巧和机灵。

▼ 松鼠猴是树栖动物，偶尔也到地上活动

▲ 松鼠猴栖息在原始森林中临近溪水的地带

## 生活在森林里

松鼠猴喜欢生活在树上，这样不仅能躲避天敌，还可以方便地寻找食物。有的时候，松鼠猴也会从树上下来，来到地面上活动。

▼ 松鼠猴群居，活泼好动，常在树枝间跳来跳去

◀ 在巴西、哥伦比亚、厄瓜多尔等国家的保护区里，均可见到松鼠猴的身影

▲ 松鼠猴的叫声约有 26 种，相当多变化

## 声音联络

松鼠猴利用声音和同伴交流，如果它们发出吼叫的声音，就是十分愤怒的意思；如果发出“唧唧”的声音，就是在告诉同伴食物在哪里；如果发出低沉的呼声，就是在寻找同伴。

## 喜欢群居

松鼠猴喜欢和自己的同伴居住在一起，它们是群居动物。科学家考察发现：一个松鼠猴群里约有 10~20 只猴子。

## 神奇的幼猴

松鼠猴的幼猴有一个小本领，它们生下来就会攀爬，这样可以在最短的时间里学会基本的生存本领。

▶ 雌性松鼠猴会照顾后代至其独立

## 保护动物

松鼠猴的数量并不多，所以它被国际社会列为保护动物，禁止捕猎、贩卖和饲养松鼠猴。

archives动物小档案

类　属：哺乳纲—灵长目—长臂猿科
身　高：不足1米
体　重：5~7千克
食　物：树叶、果实
分布地区：中国南部森林

▲ 长臂猿能用单臂把身子悬挂在树枝上

# 长臂猿

作为猿类家族中最小巧的一类动物，长臂猿以其独特的体型和滑稽有趣的动作吸引着人类的注意力。在我国南方的原始森林里，这些精灵们已在这里生活了很多很多年。

## 长长的前臂

长臂猿的身高还不到1米，但是它们的双臂伸展开，长度却有1.5米，因此它的前臂很长。长臂猿喜欢用长臂在森林里荡来荡去，寻找食物。

▼ 长臂猿是动物中的“高空杂技演员”兼“歌唱家”

## 长臂猿的歌声

长臂猿之间利用声音来传递精确的信息，它们常用复杂、夸张的歌声和同伴交流。长臂猿曾经在我国长江流域分布，唐代大诗人李白在过长江时，就曾经写过“两岸猿声啼不住”的诗句，来形容长江两岸自然风光。

▼ 两只长臂猿交流信息

◀ 在地面行走时，长臂猿会上举双臂，以保持身体平衡

## 古怪的行走

当长臂猿在地面上活动的时候，它们会尝试用双腿走路，这个时候长长的手臂就成为保持平衡的重要工具。为了保持平衡，长臂猿在行走的时候需要不断地调整身体姿势，因此行走起来歪歪扭扭，样子滑稽可笑。

▶ 雌性长臂猿和它的孩子

## 家庭组成

长臂猿的家庭一般由雄长臂猿、雌长臂猿和它们的孩子组成，数量通常只有2~8只。它们会在一片比较固定的范围内活动，会一起嬉戏、觅食和保卫领地，有时还会聚在一起互相梳理毛发。

▶ 长臂猿在树枝上休息

## 岌岌可危

因为人类不合理地开采山林，使长臂猿的生存环境被破坏，长臂猿的数量也急剧下降，因此长臂猿被列为国家一级保护动物，它们生活的森林也被保护起来。

# 棕 熊

棕熊的身体粗壮，走起路来摇摇晃晃，看上去笨手笨脚的。实际上它们灵敏异常，奔跑、游泳和爬树，棕熊样样在行。棕熊的胃口很大，而且不挑食，什么东西都可以吃。

▲ 棕熊相当好斗，特别是在争夺领地时

▶ 棕熊奔跑时速度可达 56 千米/时

## 全能冠军

别看棕熊平时行动很缓慢，但如果遇到危险，它们就会爆发出惊人的速度，有时可以达到每小时 50 千米。棕熊还是动物界的大力士——它可以用熊掌劈断一棵碗口粗的树。另外，它也是游泳和爬树的高手。

## 棕熊的食物

棕熊的食性很杂，什么东西都可以吃，胃口也很大。嫩芽、果实、蘑菇、种子和青草等占了它食谱的大部分。此外，棕熊还挖食白蚁和蠕虫，也常吃蜂蜜。当然，棕熊作为猛兽也捕杀各种大小不同的猎物。

▼ 棕熊的胃口很大，无论是植物还是动物，几乎样样都吃，吃什么通常取决于当时什么东西最容易被找到

## 冬眠会醒来

生活在北方寒冷森林中的棕熊有冬眠的习性，它们是睡在洞穴里过冬的。不过，这是一种沉睡，一旦受到惊扰，它们便会醒来不再入眠。

▼ 棕熊多选择大树洞或岩石缝隙处居住

## 幸福的小棕熊

刚出生的小棕熊非常脆弱，但是妈妈的奶营养丰富，几个月后小棕熊们就长大了。母熊为了保护幼熊，甚至连孩子的父亲都不让靠近。它们会一直在妈妈的身边享受温馨的家庭生活，直到 2 岁后完全长大，才会离开妈妈独自生活。

◀ 带着幼崽的单身母熊危险性相当高

archives 动物小档案

类　属：哺乳纲—食肉目—熊科
身　长：1.5~2.8 米
体　重：80~545 千克
食　物：鱼、昆虫、蚂蚁
分布地区：欧亚大陆、北美洲大陆的大部分地区

## 人熊

阿拉斯加棕熊身长 3 米，重达 800 千克。因为它有时候会用两条后腿直立行走，所以又叫它“人熊”。直立行走可以使人熊更好地观察四周的动静，及时发现食物以及快速躲避敌人。

▶ 阿拉斯加棕熊体态臃肿，体长可达 3.25 米，直立身高达 3.5 米，肩高 1.65 米

### 暴怒的饥饿者

北美灰熊是棕熊的一种。它脾气暴躁，力气非常大，几乎是完全的肉食性动物，饥饿时甚至会从狼群口中夺食。

▲ 北美灰熊身体健硕，头又大又圆，肩背向上隆起

# 浣 熊

美洲大陆生活着一种非常可爱的小动物——浣熊。它们一般只有家猫般大小，毛色有灰色、棕色，尾巴上有许多环形条纹。脸部长得很像狐狸，眼睛周围是黑色的，像是戴了一副墨镜，非常有趣。

## 讲究的用餐习惯

浣熊吃东西时特别讲究卫生，喜欢将食物先放在水里洗一洗再吃。比如，它吃鱼时会先把鱼咬死，再用脚按住，用利爪扒掉鱼鳞后再吃鱼肉。它通常洗一块吃一块，还不时地洗一洗手。

▲ 浣熊常在河边捕食鱼类并在水中清洗食物

## 一点儿都不挑食

浣熊对食物一点儿都不挑剔。尽管它们属于肉食性动物，但偶尔也会吃一些富含各类维生素的素食。如果能顺手抓到些昆虫、鸟蛋、小龙虾、青蛙或鱼，那就再好不过了。

◀ 吃鸟蛋的浣熊

## 辛劳的雌浣熊

雄浣熊是个不负责任的父亲，它只给了小浣熊生命，却从不照顾它们，日常生活中的一切，如：筑巢、养育幼熊等，都要由雌浣熊来负责。

archives动物小档案

类　属：哺乳纲—食肉目—浣熊科
身　长：42~60 厘米
体　重：4~10 千克
食　物：虾、昆虫、蛙、鱼
分布地区：北美洲

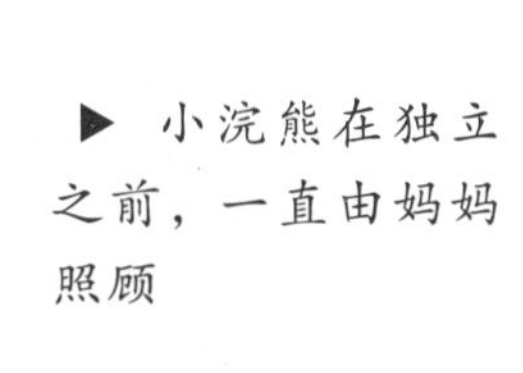

▶ 小浣熊在独立之前，一直由妈妈照顾

▲ 浣熊一般在树上建造巢穴

## 奇特的冬眠

冬季来临，一般的熊都要冬眠，可浣熊却依然精神抖擞。即使寒流到来，它也只需用粗大的尾巴卷裹住自己的嘴巴和鼻子，在树梢上或树洞中打个盹儿，顷刻间便又精力充沛了。

## 声名狼藉的浣熊

浣熊生性好奇，喜欢搞恶作剧。它们经常侵袭农作物，在垃圾堆中寻找食物，有时甚至会跑到附近居民家里毫不客气地打开冰箱，开饮料瓶，饱餐一顿后扬长而去。人们对它的捣乱真是哭笑不得。

▼ 潜入居民家中的浣熊

# 小熊猫

小熊猫是一种害羞的动物，尽管它的名字看上去与大熊猫十分接近，但其实它在血缘上却和浣熊更为接近。小熊猫背部的毛色呈赤红色，四肢则呈棕黑色。柔软蓬松的尾巴既能使它们在运动中保持平衡，睡觉时又可以当作舒适的枕头和被子。

▶ 小熊猫睡觉时常用长长的尾巴盖住脸

## 名字来历

小熊猫的尾巴上有9条黄白相间的条纹，因此被人们称为“九节狼”。说它是“狼”，其实它的大小和猫差不多，动作也和猫一样灵巧。

▼ 小熊猫的性格十分温顺，看起来总是一脸稚气，从来看不到愁容，人们非常喜爱它

## 食谱

小熊猫最常见的进食姿势是坐下来用前掌握着食物吃。它主要的食物是冷箭竹和大箭竹的叶子、竹笋，占食物总量的90%以上，偶尔也吃其他植物的根、茎、嫩芽、嫩叶、野果以及昆虫、小鸟、小型兽类等，尤其喜欢吃带有甜味的食物。

▲ 吃竹叶的小熊猫

## 高超的攀爬技术

小熊猫生活于海拔 2000~3000 米的高山林区或竹林内，喜欢数只结成小群活动。它们虽然动作缓慢，看上去很笨拙，但攀爬技术高超，可以稳稳当当地爬上树顶，甚至还能够爬到细树枝间悠然自得地打瞌睡。

**archives 动物小档案**

类　属：哺乳纲—食肉目—浣熊科
身　长：40~60 厘米
体　重：约 6 千克
食　物：树叶、果实、小鸟
分布地区：中国西南地区、尼泊尔、缅甸北部的高山森林中

▲ 小熊猫攀爬技术高超，能稳稳当当地爬上树顶

## “探路仪”

小熊猫的胡须是最理想的探测仪器，常常帮它在黑暗中探路。

◀ 小熊猫的胡须可以用来探路

▶ 小熊猫宝宝随妈妈共同生活约一年，之后就开始独立生活

## 将母爱留给弟妹

雌性小熊猫每胎会产下 2~3 只幼仔，这些小宝宝生下来就在妈妈的呵护下生活。可是，等到它的弟弟妹妹出生后，它们就不得不离开妈妈独立生活了。

# 草原犬鼠

草原犬鼠又叫旱獭、土拨鼠，体色呈土黄色，这种颜色使它们与周围环境融合起来，不易被“敌人”发现。夏天时草原犬鼠就会在体内贮存脂肪，为冬眠做准备。它们冬眠的时间一般为半年，有的甚至长达 8 个月之久。

## 齐备的家

草原犬鼠是挖洞能手，它们的地洞结构复杂，盘根错节。地洞中有一些巢室是用来冬眠和生育宝宝的，有一些巢室则是它们的厕所，有一些巢室专门用作卧室，里面铺着厚厚的干草和树叶。

**动物小档案**

类　属：哺乳纲一啮齿目一松鼠科
身　长：约 30 厘米
体　重：约 4~5 千克
食　物：各种植物
分布地区：北美洲的草原

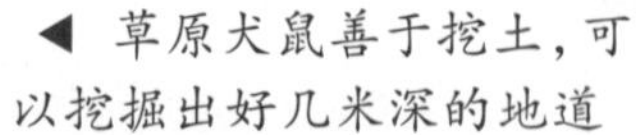

◀ 草原犬鼠善于挖土，可以挖掘出好几米深的地道

## “放哨站岗”

草原犬鼠非常机警，它们会在自己的“家”门口设置哨岗。一旦发现敌情，它们会一声呼哨向同伴们报警。随后，它们便向地洞深处逃去。

◀ 土拨鼠经常察看周围情况，还专门有负责放哨的

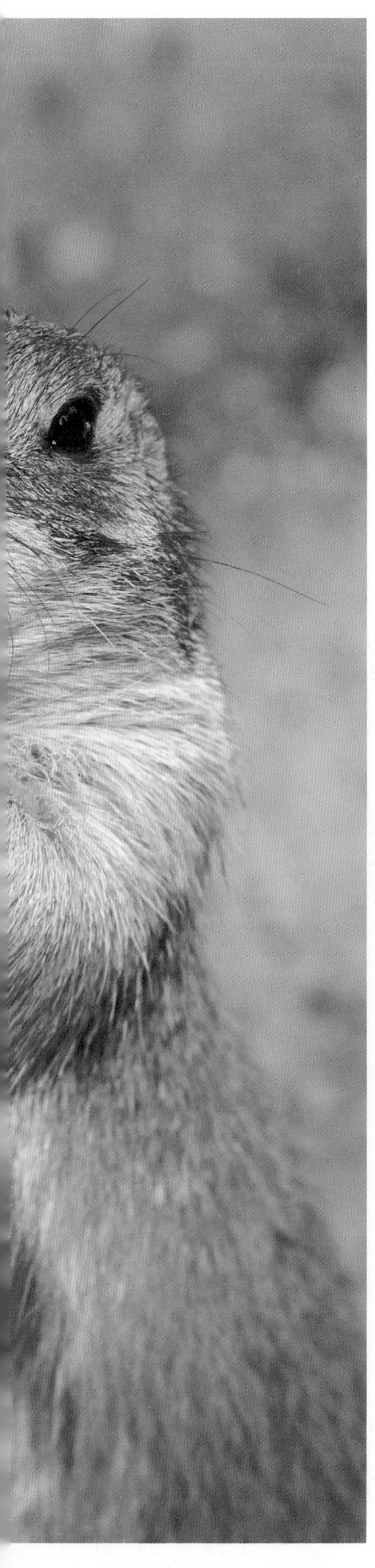

## 顽皮的小家伙

草原犬鼠很爱玩，它们常聚在一起你拉我、我推你地取乐。有时两只草原犬鼠会面对面站着碰牙齿，这看起来很有趣，但它们这样做不是在玩耍，而是在战斗。

▶ 草原犬鼠打斗

◀ 草原犬鼠的身体呈土黄色，使它与周围环境巧妙地融合起来

## 在游戏中学习生存

犬鼠妈妈很喜欢同小犬鼠玩耍，小犬鼠就这样在游戏中慢慢长大。它们从看似简单的游戏中学会了生存的技能，也逐渐具备了保护家庭的责任心和能力。

▶ 犬鼠妈妈和幼崽

## 冬眠减肥

冬眠前的草原犬鼠胖乎乎的，冬眠时它们就缩成一个圆球，以降低热量散失。当春季来临时，草原犬鼠会从冬眠中醒来，它们与冬眠前判若两“人”，消瘦得令人无法置信。

▼ 夏季时，草原犬鼠就开始在体内储存脂肪，以便满足冬眠时身体的消耗

# 刺　猬

刺猬浑身都是刺，让试图捕食它的敌人望而生畏。它的视觉和听力都不好，但嗅觉却十分灵敏，在沙漠、森林、平原都可以找到刺猬的身影。刺猬不仅到了冬天会冬眠，生活在沙漠地区的刺猬还会夏眠呢。

## 致命的克星

刺猬的针刺非常厉害，遇到敌人时，刺猬会把自己团在一起，缩成一个带刺的小球，这个“刺球”能让一些大型的兽类望而却步。但是黄鼠狼却毫不畏惧，它释放的臭气能将刺猬熏昏，昏迷中的刺猬会逐渐放松身躯，最终丧命。

◀ 受惊的刺猬会依靠肌肉将钢针般的尖刺竖立起来

## 小刺猬的刺

小刺猬出生时身上并不长针刺，因为如果长刺就会刺伤刺猬妈妈。但出生几小时后，小刺猬的背上就会慢慢长出短而稀疏的刺来，并随着体重增加越变越浓密。

◀ 小刺猬出生几小时后就会长出针刺。出生时它们什么也看不见，2周后才渐渐有了视觉功能

## 敏锐的嗅觉

刺猬的嗅觉十分灵敏，它的鼻子总是湿漉漉的，能闻到地表以下 3 厘米处的小虫子。

▲ 刺猬的鼻子又尖又长，嗅觉十分灵敏

## 年复一年的生活

小刺猬一般在 6 月底 7 月初降生，出生后 3 周内，它们以母乳为食。3 周以后，开始在母亲的带领下外出觅食。秋天，刺猬拼命吃东西来储存脂肪以备冬眠。10 月，刺猬进入冬眠状态，次年 3 月会从冬眠中醒来。

▲ 刺猬为杂食动物

## 穿"衣"冬眠

冬眠的时候，刺猬会在刺上扎满厚厚的枯叶，就像穿了一件"棉衣"。冬眠的刺猬看起来好像连呼吸也停止了，其实这是因为它的喉头有一块软骨，可以将口腔和咽喉隔开，并掩紧气管入口的缘故。

▶ 枯枝和落叶堆是刺猬最喜欢的冬眠场所

archives 动物小档案

类　属：哺乳纲—食虫目—猬科
身　长：约 30 厘米
体　重：1~2.5 千克
食　物：草根、果实、昆虫
分布地区：除南极以外，世界各地都有分布

# 骆 驼

骆驼分为单峰驼和双峰驼。它们身躯庞大，四肢细长有力，脚上长有厚厚的皮和两个宽大的脚趾，很适合在沙地上行走。骆驼的眼睑和鼻孔都有着特殊的生理结构，具有良好的保护功能，可以抵御沙漠中的风沙。

## 骆驼家族

骆驼家族主要有两类成员：双峰骆驼和单峰骆驼。我们平时常见的有两个驼峰的骆驼就是双峰骆驼，它们四肢粗短，比较适合在沙砾和雪地上行走。单峰骆驼只有一个驼峰，长得比较高大，在沙漠中能走能跑，可以运货和驮人。

▲ 单驼峰通常只有一个驼峰，比较高大，腿也比较长，在沙漠中能走能跑，可以运货和驮人

## 环境练就的本领

骆驼既耐饥渴又善饮，在沙漠中，骆驼可以几天不进食、不进水，但是在找到水源后，骆驼可以在 10 分钟内饮入 100 升水。

▼ 骆驼的胃里有许多瓶子形状的小泡泡，那是骆驼贮存水的地方

**archives 动物小档案**

类　属：哺乳纲—偶蹄目—骆驼科
身　长：约 3 米
体　重：400~500 千克
食　物：植物
分布地区：中国的西北，阿拉伯，非洲中、北部和蒙古的沙漠地区

## 对沙尘的防护

骆驼的眼睛和鼻孔都很大，这使它们有很好的视觉和嗅觉。在沙尘暴中，骆驼那长长的眼睫毛可以很好地保护眼睛免受沙尘的侵扰。同时，它也会闭上隙状的鼻孔，把沙尘拒之鼻外。

▶ 骆驼的鼻孔和眼睛都很大

◀ 双峰骆驼长有两个驼峰，四肢粗短，比较适合在沙砾和雪地上行走

▲ 骆驼的驼峰是骆驼体内的“食品储藏柜”

## 储存能量的驼峰

骆驼的驼峰中储存着脂肪，而不是水。刚出生的小骆驼是没有驼峰的，当它们渐渐长大，开始吃固体食物后，它们的驼峰才逐渐长出来。

## 变化的体温

与许多哺乳动物不同，一只健康骆驼的体温是不断变化的。一天中，骆驼体温的变动范围在 34℃~41.7℃之间。变化的体温使骆驼能在炎热的天气里不出汗，从而最大限度地保持自己体内的水分。

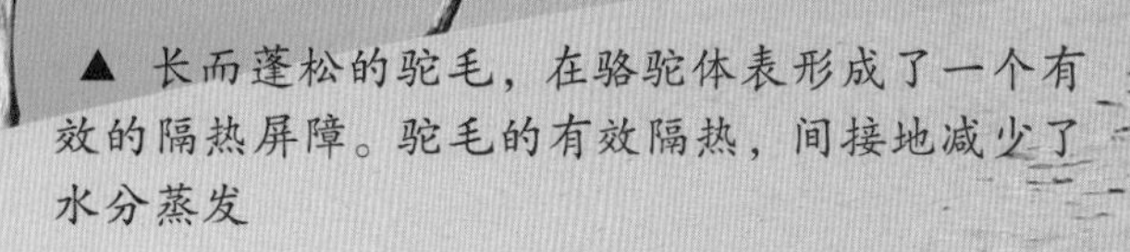

▲ 长而蓬松的驼毛，在骆驼体表形成了一个有效的隔热屏障。驼毛的有效隔热，间接地减少了水分蒸发

# 北极熊

北极熊是北极地区最大的食肉动物，它全身披着厚厚的白毛，甚至耳朵和脚掌也是如此，仅鼻头有一点黑。北极熊擅长游泳，但一生大部分时间都在浮冰上度过。

◀ 北极熊虽然体型巨大，但头部相对比较小，还细细长长的，和口鼻一起呈楔形。耳朵也很小，有助于减少热量的散发

archives动物小档案

类　属：哺乳纲—食肉目—熊科
身　长：200~260 厘米
体　重：400~800 千克
食　物：海豹、海豚
分布地区：北极

北极熊的毛是无色透明的中空小管子，外观上通常为白色，但在夏季由于氧化可能会变成淡黄色、褐色或灰色

## 再冷也不怕

北极熊穿着双层“保暖衣”：一层是它那浓密柔软的长毛，可以吸收热量；另一层是皮下一层厚厚的脂肪，可以减少热量的散失，所以北极熊在零下 40℃的环境中依然能够安闲地生活。

## 切磋功夫

北极熊之间经常“张牙舞爪”地嬉戏打闹，其实它们只是相互试试实力，只有在争夺配偶时，雄性之间才会发生真正的较量。

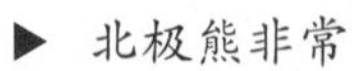

▶ 北极熊非常擅长游泳

▶ 雪窟里的北极熊母亲和幼崽

## 擅长游泳

在寒冷的北冰洋中，北极熊可以畅游数十千米，是长距离游泳的健将。不过，因为北极熊潜泳能力不强，它只能称得上是单项游泳的健将。

## 聪明的狩猎者

北极熊可以连续几个小时在冰面上等候海豹，并会用熊掌捂住鼻子，以免自己的气味和呼吸声将海豹吓跑。当海豹稍一露头，“恭候”多时的北极熊便会以极快的速度朝着海豹的头部猛击一掌，可怜的海豹还不知道发生了什么事就一命呜呼了。

◀ 北极熊是比较好斗的家伙，随着恋爱季节的到来，斗殴事件经常发生

▲ 北极熊是真正的肉食动物，98%以上的食物都是肉类

## 温暖的雪窟

尽管北极熊不怕冷，但它们在深冬出生的幼崽却很难抵挡严寒。为了给幼崽保暖，北极熊家庭通常会藏身于舒适的雪窟中，因为那里的温度会比外边冰天雪地的环境高得多。

# 雪　豹

雪豹从名字上看似乎和其他的豹类是一家，实际上可能和虎的血缘更为接近，它是唯一生活在冰冷山区的野生猫科动物。雪豹全身的毛色灰白，通体布满黑色的斑点，是豹类家族中最美丽的一种。

▲ 雪豹是高原地区的岩栖性动物。经常在永久冰雪高山裸岩及寒漠带的环境中活动

## 生活在深山上

雪豹栖息在高山积雪地带，在青藏高原、新疆、甘肃、内蒙古等地都可见到它们的身影。在可可西里，雪豹夏季居住在海拔 5000~5600 米的高山上，冬季一般会迁居到相对较低的山上。

archives 动物小档案

类　属：哺乳纲—食肉目—猫科
身　长：110~130 厘米
体　重：38~75 千克
食　物：野兔、羊
分布地区：亚洲喜马拉雅山及阿尔泰高山地区

## 夜行性动物

雪豹是夜行性动物，白天要么待在岩洞里闭目养神，要么躺在高山的岩石上晒太阳。在黄昏或黎明的时候它最为活跃，喜欢在山脊和溪谷地带悠闲地游走。

▶ 雪豹白天很少出来，有时会躺在高山裸岩上晒太阳

## 跳跃高手

雪豹四肢矫健，行动敏捷，十几米宽的山涧它能一跃而过，三四米高的山岩更不在话下。粗大的尾巴是它掌握方向的“舵”，使它在跃起时可以转弯，因此雪豹跳跃的能力很强。

▲ 雪豹可以一跃而起，还可以在空中转弯

## 机警的猎人

雪豹捕食时很会伪装自己，常常利用体毛的颜色隐蔽在堆满积雪的悬崖边，静等猎物出现，像极了一个“机警的猎人”。

## 数量减少的原因

雪豹的皮毛有很高的经济价值，因此雪豹一直是不法分子的猎杀对象。同时，雪豹靠捕食岩羊为生，岩羊数量下降给雪豹的生存造成了威胁。雪豹很难适应低海拔地区的气候、气压等的变化，所以在其他地区繁殖率很低。

▼ 雪豹猎食往往采取伏击或偷袭的方法

▼ 雪豹有“雪山之王”之称

# 考 拉

考拉也叫树袋熊、无尾熊，它行动迟缓，憨态可掬，是澳洲非常出名的动物。考拉身上长着又厚又密的软毛，毛色由岩灰色过渡到微棕色，见过它们的人，都忍不住要去抱抱它们，因为它们实在太惹人喜爱了。

## 名字的由来

考拉的名字“koala”本来是澳大利亚土著语中“不喝水”的意思。除非生病，考拉平时都不喝水，它身体所需的水分全部来自它所吃的桉树叶。“考拉”这个名字就起源于它的这种特殊行为。

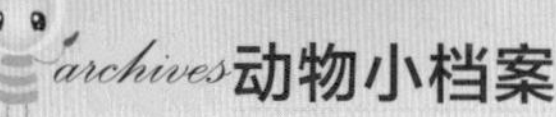

### 动物小档案

类　属：哺乳纲—有袋目—树袋熊科
身　长：70~80 厘米
体　重：8~15 千克
食　物：桉树叶
分布地区：澳大利亚东部

## 考拉宝宝

考拉也有类似袋鼠那样的育儿袋。当考拉宝宝长到不能待在育儿袋里的时候，考拉妈妈就会把它背在背上。而这时，考拉宝宝已经可以紧紧地抓住妈妈的身体，它在吃奶的同时也吃桉树叶。一周岁以后，小考拉就会断奶，开始独立生活。

◀ 考拉是澳大利亚的特有的有袋类动物

## 生活习性

考拉的一生大部分时间在桉树上度过，很少下到地面。它们的食物以桉树叶为主，偶尔吃一些其他树叶。因为考拉吃了大量的桉树叶，所以它们浑身都散发着桉树叶的气味。

▲ 考拉的食物以桉树叶为主

▶ 考拉肌肉发达，四肢修长且强壮，适于在树枝间攀爬

## 坐着好舒服

考拉的皮毛又厚又密，这样它们就可以很舒适地坐在树上，而不会被树枝硌痛。

## 误会

在动物园里看到考拉的时候，通常它都在睡觉，大家会觉得它可真是个懒惰的小家伙。其实，是我们误会了它。因为考拉只吃树叶，而树叶的能量实在是太少了，所以考拉就靠睡眠来补充能量，每天要睡18~22小时。

## 同伴间的交流

考拉与同伴的交流主要是通过声音来进行的。比如，雄考拉通过吼叫来表明它的统治；当考拉感到害怕时，会发出一种类似婴儿哭叫的声音，同时伴随着身体的颤抖和摇晃。

▼ 考拉通常会发出“嗡嗡”声和“呼噜”声与同伴交流，也会通过散发的气味发出信号

◀ 为了储存更多的能量，考拉经常趴在树上睡觉

# 负　鼠

负鼠是生活在美洲的有袋动物，负鼠的育儿袋与袋鼠的不同，只在腹部前方有条竖开口，而不呈口袋状。当遇到危险时，负鼠就会躺在地上装死，来避免受到强大动物的伤害。

archives动物小档案

类　属：哺乳纲—有袋目—负鼠科
身　长：40~45 厘米
体　重：4~16 千克
食　物：鸟蛋、青蛙
分布地区：美洲

## 亲历亲为

负鼠的家在“装修”时，从“选材”到“建筑”，它都要亲自完成。选好“建筑”用的材料树叶、草枝后，负鼠用尾巴将其卷起运回家中，运用这些材料建造一个舒服的家。

▲ 负鼠选材建窝

## 恋母情结

负鼠一出生便立即爬进妈妈的育儿袋中，找到一个乳头含住不停地吃。当小负鼠在育儿袋里长到一只小老鼠那么大时，育儿袋无法再容下它了，负鼠妈妈就“咔嗒咔嗒”地发出特殊信号，这时小负鼠才爬出来。

▼ 小负鼠在妈妈温暖的育儿袋里

## 独特的出行

负鼠宝宝和妈妈一起出行时，会把尾巴绕在妈妈的尾巴上，然后把脚插进妈妈松软的皮毛里。这样无论负鼠妈妈怎样活动，它们都可以稳居其上，既舒服又安全。

▼ 母负鼠能随身携带幼鼠到处奔跑

## 生存智慧

当负鼠遇到危险时，它就翻滚躺下，四脚朝天，两眼直瞪，可以几小时一动不动。猛兽以为它已经死了，就没有什么胃口了。

▲ 负鼠装死

### “刹车手”

负鼠会在疾奔中突然立定不动,捕捉它们的动物往往会被这个动作吓得大吃一惊，也急忙“刹车”,并且还会停在那里,好一会儿“丈二和尚摸不着头脑”。而这时，站立不动的负鼠却又突然跃起,疾步逃奔。

## 多功能的尾巴

负鼠的尾巴可以帮助它倒挂在树枝上；跑得太快时，负鼠也会用尾巴当刹车器，让自己停下来；当食物缺少时，尾巴就成了一个营养库，负鼠会用它来贮存脂肪。

▼ 负鼠常常先用尾巴钩住树枝,然后考虑下一步动作

# 大食蚁兽

大食蚁兽是以蚂蚁为食的动物，一天可吃大约 2 万只蚂蚁。大食蚁兽最突出的特征是有一个长管状的嘴和一条浓密厚实的长尾。它没有牙齿，但舌头特别灵活，舌头上有黏性极强的唾液，正好用来舔食蚂蚁。

▲ 大食蚁兽的体型较大，面部修长

**archives 动物小档案**

类　属：哺乳纲—贫齿目—食蚁兽科
身　长：约 2 米
体　重：40~50 千克
食　物：蚂蚁及其他昆虫的幼虫
分布地区：中美和南美洲的热带地区

## 大食蚁兽的生活

大食蚁兽是独居性动物，没有固定的领土，只有雌兽携带幼仔时，才形成小的群体。它一般生活在草地、落叶林和雨林地区，喜欢在白天活动，主要以蚂蚁和白蚁为食。

▶ 大食蚁兽幼崽

## 独特的长尾巴

大食蚁兽的尾巴长度在 0.6~0.9 米之间，占身长的一半还多。睡觉时，它会用长着长毛的尾巴盖住身体，就像盖了一条暖和的大棉被一样。

▶ 大食蚁兽的尾巴

## 超强的嗅觉

大食蚁兽的眼睛极小，视觉很不发达。它的行动主要依靠灵敏的嗅觉，其嗅觉之敏锐，胜过人类40倍以上。

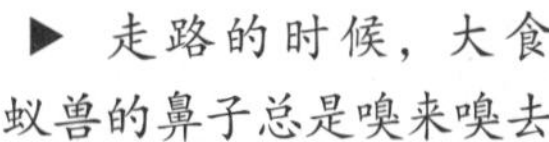

▶ 走路的时候，大食蚁兽的鼻子总是嗅来嗅去

## 灵活的长舌

大食蚁兽虽然没有牙齿，却有一条又尖又细的空心长舌头。当嗅到蚂蚁巢穴的气味后，大食蚁兽就会用爪子挖开巢穴。它的舌头特别灵活，舌头上有黏性极强的唾液，正好可以用来舔食蚂蚁。

▶ 大食蚁兽的舌头

## 有利的武器

大食蚁兽的前足有着尖锐的爪。平时，它用利爪来捣毁蚁窝、剥树皮或攻击敌人。行走的时候，它把爪背对着地面来保护利爪。

▶ 大食蚁兽行走时指背着地，所以走起来总是一瘸一拐的，看上去很奇怪

# 梅花鹿

梅花鹿因为背上有白色似梅花的斑点而得名。它性情非常温顺，体态也很可爱，而且反应敏捷，行动灵活，是人类的好朋友。梅花鹿的主食是树叶，通常在固定的地方觅食。

▶ 梅花鹿四肢细长，蹄窄而尖，奔跑速度很快，跳跃能力也很强，尤其擅长攀登陡坡，能连续大跨度地跳跃，动作轻快敏捷。

archives 动物小档案

类　属：哺乳纲—偶蹄目—鹿科
身　长：125~145 厘米
体　重：70~100 千克
食　物：果实、杂草
分布地区：中国、日本、朝鲜和越南

雄鹿的头上长有一对长长的鹿角

## 形态特征

雌鹿的体型较小，且头上无角。雄鹿的体型较大，在 2 岁时开始长角，角长可达 80 多厘米，而且每年增加 1 个分叉，5 岁后才停止分叉。

梅花鹿的背脊两旁和体侧下缘点缀着许多排列有序的白色斑点，就像一朵朵美丽的梅花

▲ 梅花鹿性情机警

## 爱清洁

梅花鹿很爱干净，它在夏季和冬季的体毛是不一样的。春天换成有白斑的夏毛后，梅花鹿会经常用嘴去修饰它们。不过，秋天换成颜色较深的冬毛后，雄鹿反而喜欢把自己弄得一身是泥，以吸引雌鹿的注意。

▲ 秋冬的梅花鹿　　▲ 春夏的梅花鹿

## 敏感而机警

梅花鹿生性敏感而机警，它的听觉和嗅觉都很发达，只要听见一点儿风吹草动，它们会马上伸长脖子瞪大眼睛，进入警戒状态。

## 怕热不怕冷

梅花鹿怕热不怕冷。温度升高时，它就会躲在树阴下；但当气温降到0℃以下时，它仍能自由活动，并不影响它觅食，梅花鹿尤其喜欢在雨雪天气出来清洁身体。

▼ 梅花鹿在夏秋季迁到阴坡的林缘地带，主要采食藤本和草本植物；冬季则喜欢在温暖的阳坡生活

# 鲸



## 动物小档案

类　属：哺乳纲—鲸目
身　长：6~30 米
体　重：最重约 190 吨
食　物：虾、鱼类
分布地区：南、北极附近海域和北太平洋海域

全世界有 90 多种鲸，分为两大类：须鲸类和齿鲸类。须鲸类没有牙齿，有鲸须和两个鼻孔，如蓝鲸等。齿鲸类有牙齿，没有鲸须，有一个鼻孔，能发出超声波，并有回声定位能力，如虎鲸等。

▼ 座头鲸跃出海面

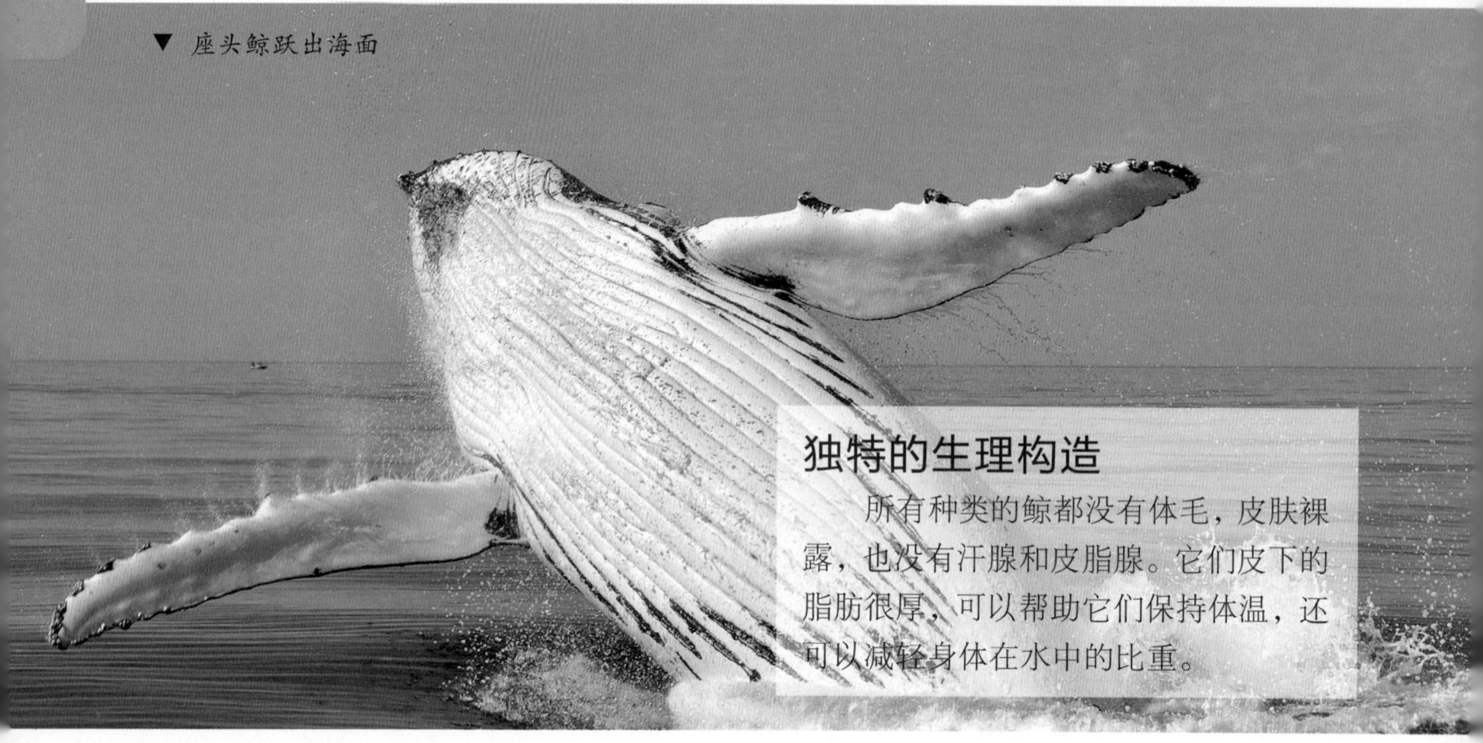

## 独特的生理构造

所有种类的鲸都没有体毛，皮肤裸露，也没有汗腺和皮脂腺。它们皮下的脂肪很厚，可以帮助它们保持体温，还可以减轻身体在水中的比重。

▼ 蓝鲸潜水

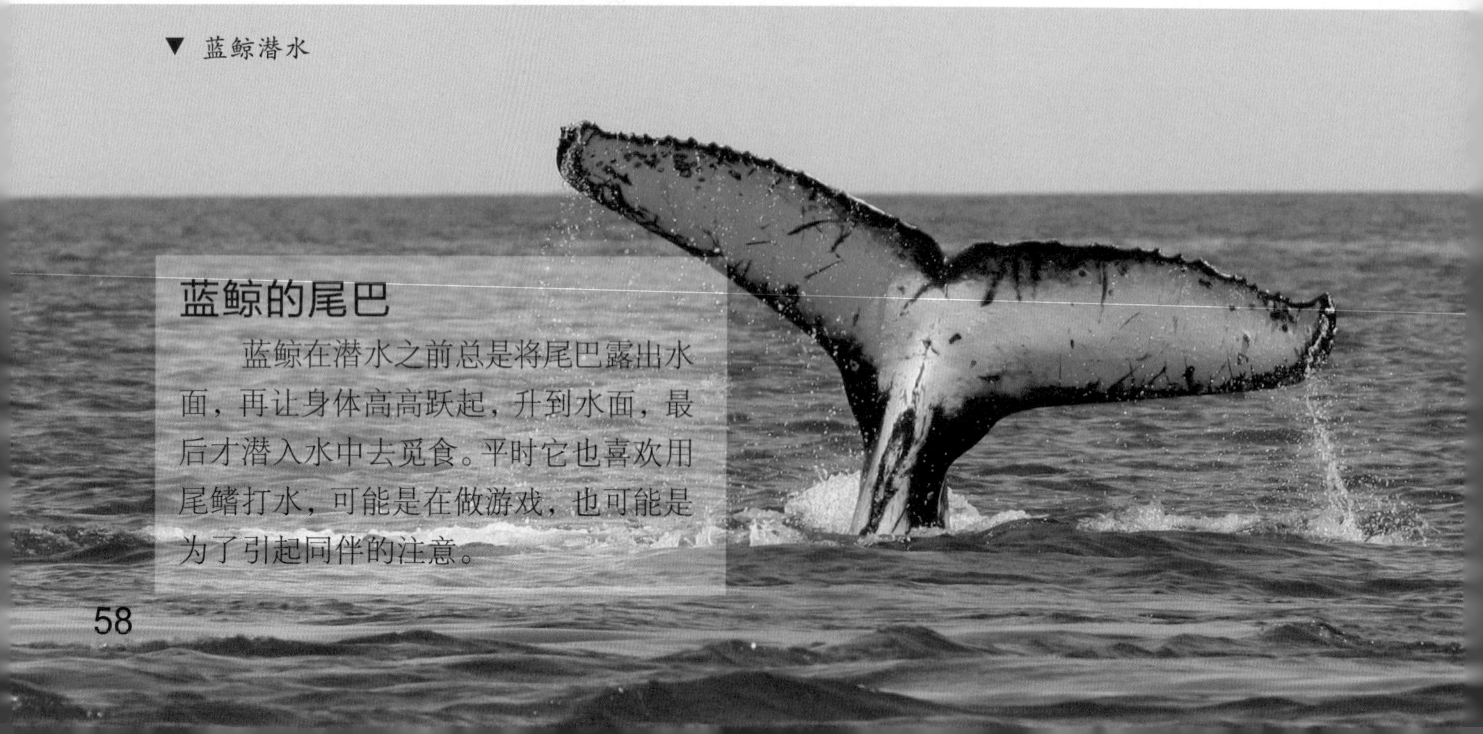

## 蓝鲸的尾巴

蓝鲸在潜水之前总是将尾巴露出水面，再让身体高高跃起，升到水面，最后才潜入水中去觅食。平时它也喜欢用尾鳍打水，可能是在做游戏，也可能是为了引起同伴的注意。

## 细嚼慢咽

别看蓝鲸身躯庞大，但是它的喉咙却非常狭窄，只能吞下体宽5厘米以下的小鱼。这样的生理结构很有利于海洋鱼类的繁衍生息，如果很多大型鱼类也被蓝鲸吃掉，那么海洋中的鱼类也许很快就濒临灭绝了。

▲ 进食时，蓝鲸会将磷虾和海水一同吞入口中，然后用力挤压腹腔和舌头，将海水从鲸须板中挤出，只剩下磷虾等食物，之后将其吞进肚子

▼ 虎鲸

## 杀人鲸

杀人鲸也叫虎鲸，生性胆大而狡猾，凶残又贪婪，不管海洋中的什么生物，小到鱼虾、海鸟，大到鲨鱼、海象甚至蓝鲸都难逃活口。它们经常装死去诱捕猎物，捕到猎物后集体共享美餐。

▼ 白鲸的皮肤颜色非常淡，使得它在海里游动时很难被猎物发现，从而大大方便它捕食

## 海里的金丝雀

白鲸会发出很多声音：口哨声、“当当”声、牛叫似的“哞哞”声等，所以有人为它们取了一个美丽的绰号“海里的金丝雀”。其实，白鲸的歌唱是与同伴之间的一种交流。

# 豚　鼠

说起豚鼠，也许你不知道它是什么动物，但你一定知道荷兰猪吧，它可是现在很热门的宠物。荷兰猪就是豚鼠，它那胖胖的身躯外裹着长长的毛发，就像一团毛球一样。

## 来自南美的豚鼠

豚鼠的老家在南美洲秘鲁的草原上，它的长相十分奇特，头部看起来像猪，因此后来人们就把它叫做荷兰猪。野生豚鼠的毛色是灰色的，这样便于隐藏，躲避天敌。

archives动物小档案

类　属：哺乳纲—啮齿目—豚鼠科
身　长：20~34 厘米
体　重：400~700 克
食　物：青草、根茎和种子
分布地区：南美洲秘鲁

▶ 豚鼠在野外已经灭绝，但作为宠物分布在世界各地

◀ 宠物豚鼠分布在世界各地，身体、头部、耳朵、眼睛都圆滚滚的，看起来十分可爱

## 漂亮的宠物

现在作为宠物的豚鼠是人工培养的，不仅毛发变成了其他颜色，而且还出现了斑点豚鼠，更是得到了许多宠物爱好者的欢心。

## 不断生长的牙齿

豚鼠门齿很短，臼齿呈棱镜状，总是在不断生长。

▶ 豚鼠门齿短短的，整个牙齿一直在不断生长

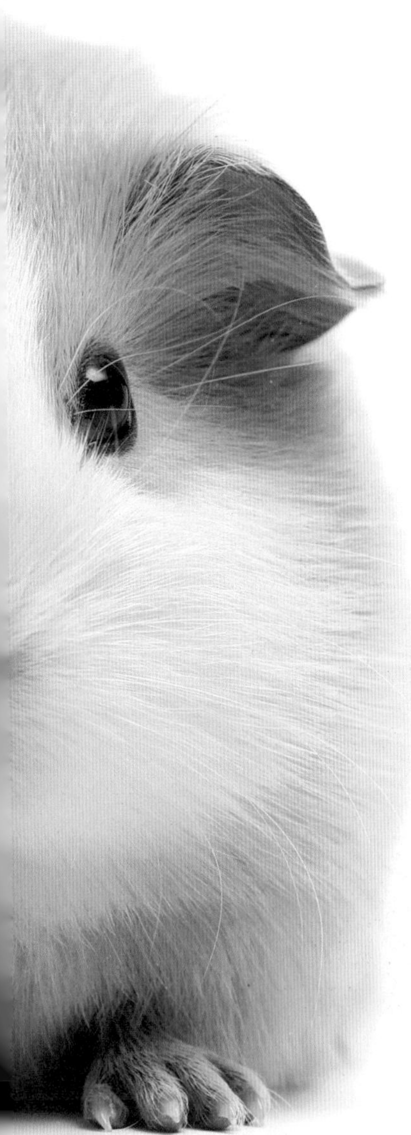

## 喜欢吃素

豚鼠以植物性食物为食，在食物上没有特殊要求，体质强健不易生病。主要吃植物的绿色部分，以杂草为主食，喜吃青椒、生菜、圣女果等新鲜果蔬。

▼ 豚鼠嗅觉和听觉比较发达，对有毒物质很敏感

## 住在一起

豚鼠喜群居，有抓人的习惯，不喜攀登和跳跃，习性温顺，胆小易惊，有时发出“吱吱”的尖叫声，喜干燥清洁的生活环境。其活动、休息、采食多呈集体行为，休息时紧挨躺卧，单笼饲养时易发生足底溃疡。

▼ 豚鼠喜欢群居，调节体温的能力较差

# 河　狸

河狸喜欢在夜间活动，以鲜嫩的树皮、树枝及芦苇为食。河狸是非常伟大的建筑师，它们修筑的水坝坚固又结实，建造的巢穴舒适又安全。除人类外，任何动物都不会像河狸这样把“家”建造得这么好。

## 伟大的建筑师

河狸是非常伟大的建筑师。它为了保持生活区内水位的稳定，每当移居到一条新的河流时，就会用树枝、石块和软泥垒成堤坝。

▲ 河狸总是孜孜不倦地用树枝、石块和软泥垒成堤坝

archives 动物小档案

类　属：哺乳纲—啮齿目—河狸科

身　长：60~100 厘米

体　重：17~30 千克

食　物：树皮、树枝、芦苇

分布地区：欧洲及北美洲的寒带地区

◀ 游泳的河狸

## 身体特征

河狸身体肥胖，臀部滚圆，头上长着短小的耳朵和小而圆的眼睛。它们的耳朵和鼻子长有瓣膜，在水中活动时可防止水流进入。河狸前肢粗短有力，后肢更为强壮，足上有五趾，趾间有蹼，适于游泳。

## 河狸的食物

河狸白天躲在洞穴内睡觉，晚上出来寻找食物。它一般以鲜嫩的树皮、树枝、树根及芦苇等为食。河狸经常会先把树放倒，然后再运到河中慢慢品味。这样做不仅可以使它吃到树上的嫩枝，还能避免天敌的袭击。

## 厉害的门牙

河狸的嘴唇闭上了，门牙却还在外面，因为只有这样，它在水下咬东西时，水和杂质才不会进到嘴里去。河狸的门牙很厉害，不但能啃断相当粗大的树干，还能在水中拖动浮木。

▲ 吃食物的河狸

◀ 河狸的门牙

## 扁尾巴的用途

河狸的大尾巴覆盖着角质鳞片，又宽又扁，起着“船舵”的作用。此外，它的扁尾巴还是一个秋冬季储藏脂肪的“仓库”，到夏天又是可以分散体温的“散热器”。

▲ 河狸的扁尾巴

## 家庭生活

河狸的家庭与人类家庭相似，由河狸夫妇和它们的孩子组成。河狸夫妇会厮守终生。只有当一只不幸亡故后，剩下的一只才会“再婚”，以维持家庭的存在。

▶ 洞巢是河狸进餐、休息和生育的场所

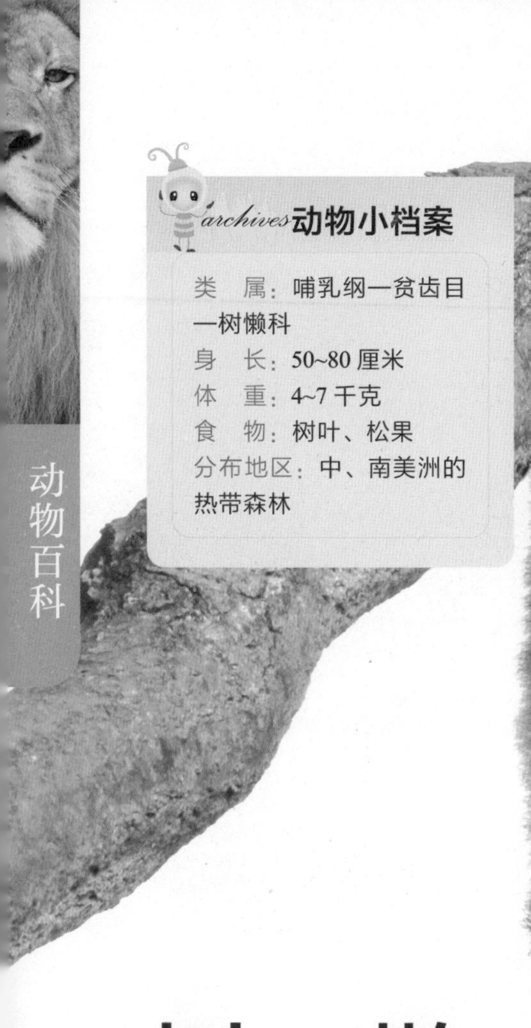

archives 动物小档案

类　属：哺乳纲—贫齿目—树懒科
身　长：50~80 厘米
体　重：4~7 千克
食　物：树叶、松果
分布地区：中、南美洲的热带森林

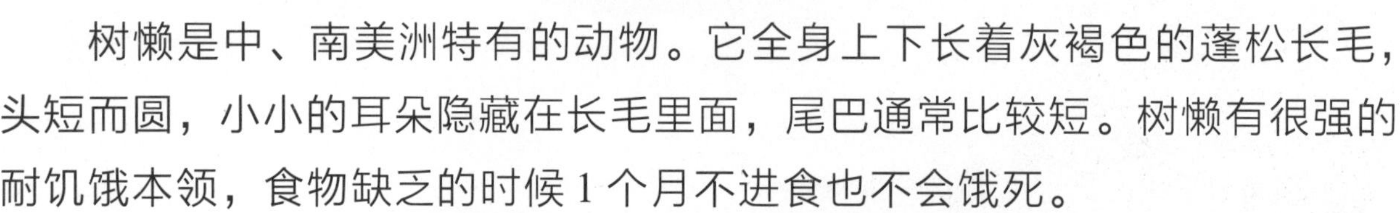

# 树　懒

树懒是中、南美洲特有的动物。它全身上下长着灰褐色的蓬松长毛，头短而圆，小小的耳朵隐藏在长毛里面，尾巴通常比较短。树懒有很强的耐饥饿本领，食物缺乏的时候 1 个月不进食也不会饿死。

## 树懒的生活习性

树懒一生都生活在树上，叫它“树懒”真是一点儿也没错，它的动作又懒又慢，每分钟最快也只能爬行 1.8~2.4 米。树懒是夜行性动物，主要吃树叶、嫩芽和果实。

▶ 树懒的鼻子很灵，能很容易地找到喜欢吃的树叶和果子

▲ 树懒的皮毛很密而且长势相反，能够防御一般中小型食肉动物的抓咬，并具有防水性

## 最适合树上生活

树懒的身体结构非常适合在树枝上悬挂。它们可以牢固地抓在树枝上，即使睡着了也不会掉下来。树懒在地面上移动十分困难，因此它们总会尽快地回到树上去。

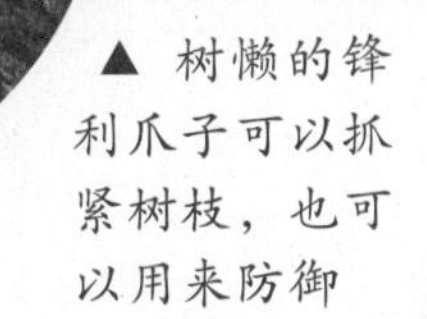

▲ 树懒的锋利爪子可以抓紧树枝，也可以用来防御

## “因地制宜”

树懒的毛由两部分组成：起保暖作用的细软绒毛和起保护作用的外部长毛。因为树懒倒挂着生活，所以它的毛与大部分动物的毛长势恰恰相反，它是由腹部朝背部向上长的。这样，下雨的时候雨水才容易顺着毛的长势往下流。

## 天然“迷彩装”

树懒的毛上通常生长着绿苔，这些绿苔给它染上了绿色，使它在树叶间很难被发现。这是树懒自己“发明”的纯天然的“迷彩装”。

▲ 树懒长了青苔的皮毛

## 树懒宝宝

树懒宝宝会用稚嫩的爪子牢牢抓住妈妈腹部的皮毛，跟妈妈一起在树上跳来跳去地玩耍、休息和进食。一直到 6 个月大，等它可以独立生活，就该离开妈妈了。

◀ 树懒宝宝趴在妈妈的怀里既安全又暖和，时时置于妈妈的保护之下，还可以随时摘到可口的树叶

# 犀 牛

犀牛身躯庞大而粗壮，有着黑而粗糙的皮肤。它们常以泡在泥浆中的“大汉”形象出现在人们面前。犀牛头上长有双角，视觉很差，靠灵敏的听觉和嗅觉生活。

▲ 犀牛虽然体形笨重，但仍可以快速行走和奔跑

## 貌似笨拙

犀牛体型庞大、行动迟缓，总是懒懒地待在水中，给人的感觉很笨拙。但是千万不要被这种假象所蒙蔽，如果犀牛奔跑起来，有时速度能达到每小时 64 千米。

▲ 犀牛角的尖端十分锋利，就像一把尖刀

## 犀牛角

犀牛最突出的特点就是头上长着硬硬的角。犀牛角的数目不定，有的犀牛有两只角，有的只长了一只。其实，犀牛角并非由骨头构成，它的主要成分是角质纤维，就像人类的毛发或指甲那样。所以，犀牛角如果折断了，还可以再生出来。

## 犀牛的皮肤

犀牛的皮肤其实是灰白色的，但是由于覆盖了一层泥浆，所以看起来要更深一些。犀牛的皮肤很粗糙，但是特别敏感，太阳的照射和蚊虫的叮咬都是它们无法忍受的，这也是它们老待在水中的原因。

▼ 犀牛的皮肤很坚硬，但褶缝里的皮肤十分娇嫩

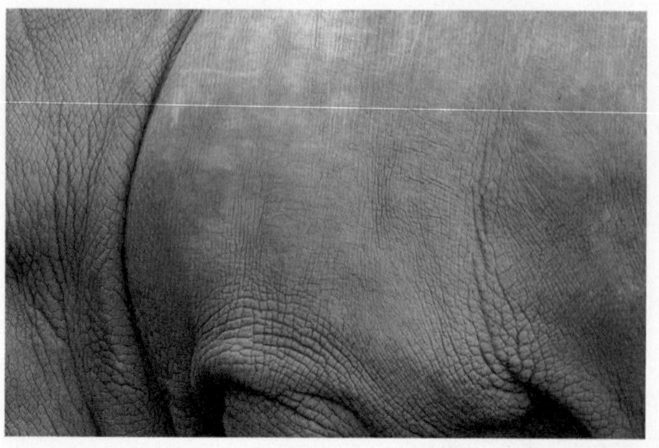

**archives 动物小档案**

类　属：哺乳纲—奇蹄目—犀科
身　长：2~4 米
体　重：约 3000 千克
食　物：草、植物的叶子
分布地区：非洲中南部

## 洗个“泥水澡”

犀牛总是在早晨和傍晚的时候最活跃。由于缺乏汗腺，中午最热的时候它们就在泥里打滚，泥浆能帮犀牛降低体温，同时也起到了赶走昆虫的功效。

◀ 犀牛皮肤皱褶间有很多又嫩又薄的地方，很容易遭受蚊虫叮咬，而将身体涂满泥浆，就能在柔嫩处形成一层保护膜

## 黑白犀牛的由来

据说第一批到达非洲的荷兰人发现当地的犀牛一种嘴略宽、一种嘴略窄，于是称嘴宽的为“wide”（宽），以讹传讹就成了“white”（白色），另一种自然就是“black”（黑色）。这便是“白犀牛”“黑犀牛”名字的由来。

▼ 黑犀牛　▼ 白犀牛

## 粪便当界碑

黑犀牛对属于自己领域的表示方法独树一帜，它会跑到固定的地方大便，然后用脚将粪便踢到周围。这样它的气味就可以警告外来者不要进入它的领地。

▼ 犀牛的许多粪便排在它的领土周围，有些边界的粪堆大约有 4.5 米宽，尤其在旱季末，犀牛的粪便积得更多

# 蝙　蝠



蝙蝠的头很小，耳朵较大，脸部怪异，与老鼠有些相似。蝙蝠分为大蝙蝠和小蝙蝠两类，最大的蝙蝠重达 1.5 千克，而最小的仅有 14 克重。蝙蝠喜欢白天休息，夜晚活动觅食。

◀ 蝙蝠的前肢十分发达，上臂、前臂、掌骨、指骨都很长，并由它们支撑起一层薄而多毛的、柔软而坚韧的皮膜，形成了独特的飞行器官——翼手

## 特技飞行

蝙蝠是唯一会飞的哺乳动物，它们善于在空中做圆形转弯、急刹车和快速变换飞行速度等各种“特技飞行”。

## 回声定位

蝙蝠的视力很弱，靠喉内发出的超声波来捕食。当声波碰到障碍物或昆虫时会反射回来，并被蝙蝠的耳朵接收，蝙蝠据此推测目标是昆虫还是障碍物，并可以度量出它的距离，这就是蝙蝠的“回声定位”。

◀ 蝙蝠的喉咙能发出一种人听不见的超声波，通过嘴巴和鼻孔向外发射。遇到物体时，超声波会被反射回来

## 倒挂的动物

蝙蝠白天在屋顶或树洞内倒挂着睡觉，蝙蝠宝宝出生后，会用爪牢固地挂在妈妈的胸部吸乳，在妈妈飞行的时候也不会掉下来。

▶ 蝙蝠趾端有钩爪，可以牢牢地钩住物体，因此常倒挂在洞穴里或屋檐下休息

## 不同的食物

大多数蝙蝠以昆虫为食，部分蝙蝠以果实、花粉、花蜜为食。而在美洲的一些地方，有一种吸血蝙蝠，专门以吸其他动物的血液为生。它总是很小心地飞到袭击对象眼前，在天空盘旋，观察寻找下手机会，多在动物熟睡时吸血。

▼ 蝙蝠的食物包括花粉、果实、鱼类等



### archives 动物小档案

类　属：哺乳纲—翼手目—蝙蝠科
身　长：0.14~2 米
体　重：0.14~1.5 千克
食　物：树叶、昆虫、蛙
分布地区：除南极外，世界各地都有分布

### 蝙蝠也冬眠

许多种类的蝙蝠会冬眠，从秋天开始，蝙蝠就在下腹部聚积了一层脂肪，至冬眠前体重变为夏天时的 1.5 倍以上。冬眠时，它的体温会降低到与环境温度相一致。

# 家 猪

猪是我们身边十分常见的动物，它长着四条短腿、臃肿的身躯和一个大脑袋，最明显的特征是长长的嘴，以及有两个大鼻孔的圆鼻子。人们一直认为猪又懒又笨，其实它是一种非常聪明的动物。

◀ 猪是一种善良、温顺、聪明的动物

◀ 野猪首先在中国被驯化

## 家猪的祖先

家猪的祖先是野猪。大约在 5000 年前，一些野猪经常在人类聚居的地方找寻吃剩下的食物，后来它们就渐渐被人驯养而成为家畜。

## 一点儿也不笨

人们对猪存在着很深的偏见，嫌它脏、笨、懒。其实猪并不笨，经过训练，它能学会狗所能做的任何技巧，而且比狗学得还快。猪会打滚、跳舞、取报纸、拉车子，甚至还会把东西找回来。

▶ 科学家经实验发现，猪可以很快地学会一些简单的道具使用方法，在动物中仅次于智商最高的黑猩猩

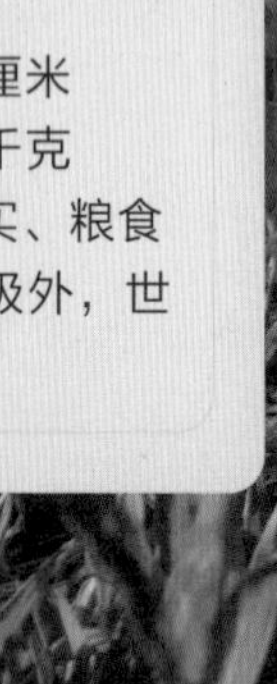

### archives 动物小档案

类　属：哺乳纲—偶蹄目—猪科
身　长：90~180 厘米
体　重：50~200 千克
食　物：草、果实、粮食
分布地区：除南极外，世界各地都有分布

## 喜欢拱着吃

猪喜欢拱泥土和墙壁，这是因为它喜欢吃生长在地下的植物块根和块茎。它用鼻、嘴把土拱开，就能吃到泥土里的食物，同时也吃了泥土中的磷、钙、铁等各种矿物质。

◀ 拱土觅食是猪采食行为的一个突出特征

## 可爱的小猪

家猪一次大约可以生 10 只小猪，小猪出生后 1~2 天内会各自找到一个合适的乳头，之后在整个哺乳期间都不会改变。吃完了奶，小猪就呼呼地睡大觉，长得非常快，大约 3 周后，小猪就可以离开妈妈了。

▲ 猪宝宝正起劲地吃着妈妈的奶，这同时也是它们通过嗅觉和味觉在和妈妈交流

## 浑身都是宝

别看家猪长得不起眼儿，可它浑身都是宝。它的肉可以食用，皮可制革，鬃毛可制刷子和其他工业原料。有一种迷你猪，因其内脏和人类的内脏相似，所以常被用于各种医学实验。

◀ 17 世纪之后，猪肉陆续成为全世界主要肉品

# 马

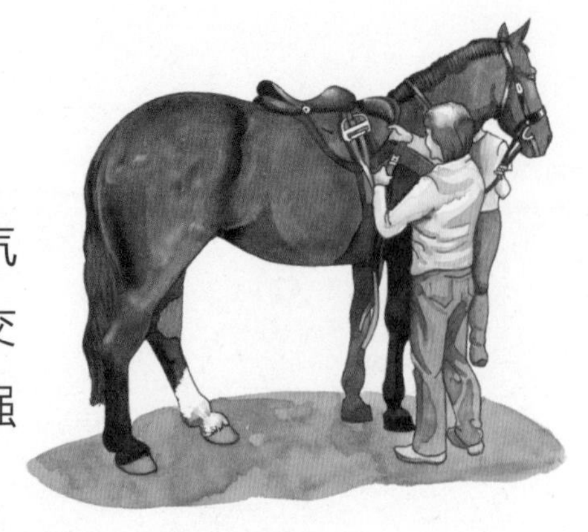

一直以来，人类都对马有着特殊的感情。在汽车等交通工具发明之前，马一直是人类最重要的交通工具；在战场上，它和人类并肩作战，是最顽强的战士。喜欢马的人都以拥有一匹良马而自豪。

## 勇猛的战士

马被人类驯化的时间可以追溯到 5000 年前，它曾经是最勇猛的战士。当年成吉思汗的铁骑曾踏遍半个地球，前苏联的哥萨克骑兵使敌人闻风丧胆。

◀ 战马是蒙古军队所向披靡的关键因素之一

▼ 阿拉伯马

## 最古老的马种

阿拉伯马是地球上最古老的马种。一般意义上讲的东方马或纯种阿拉伯马，是指在阿拉伯地区培育的、具有沙漠血统的阿拉伯马。它们在良种马中体型是最漂亮的。

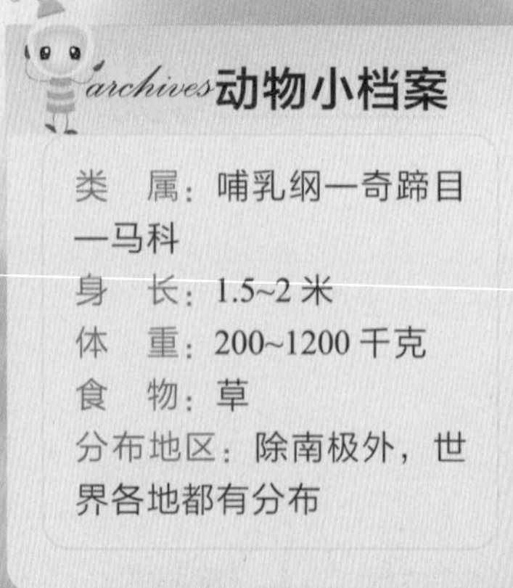

archives动物小档案

类　属：哺乳纲一奇蹄目一马科
身　长：1.5~2 米
体　重：200~1200 千克
食　物：草
分布地区：除南极外，世界各地都有分布

## 特殊的“语言”

马有自己的“语言”，它的“语言”主要是通过耳朵的不同姿态来表示的。耳朵竖起来微微摇动，表示“很高兴”；耳朵前后左右不停地摇晃，表示“不高兴”；耳朵静静地倒向后边，表示“兴奋”；耳朵向前倒或倒向两边，表示“疲劳”。

▶ 马的耳朵位于头的最高点，听觉发达

▲ 驯化的马可以随时随地睡觉，站着、卧着、躺着都能睡

## 终生站立

马终生站立，就连睡觉也是直立着，只有在得了重病时才躺下。这是从它们的祖先那里遗传下来的。远古的野马生活在原野里，遇到敌害的突然袭击时，必须迅速逃走，站着睡觉可以让它们做出更迅速的反应。

## 老马识途

马的嗅觉和听觉都很灵敏，对气味的记忆很强。马的鼻腔很大，分成两个区，里面的嗅觉神经细胞很多，所以嗅觉特别发达。一旦迷路，可以根据气味返回原地。

◀ 马的鼻腔分呼吸区和嗅觉区两部分

# 兔 子

兔子是一种小型哺乳动物，它的前肢比后肢短，善于奔跑和跳跃。平时，兔子是很温顺的，但是，它一旦发起火来，你可千万不要去触摸它，俗话说“兔子急了也会咬人的”。

▶ 兔子的身上毛茸茸的，远看像个小绒球一样

## 最显著的特征

兔子最显著的特征有三个：首先是它的上唇中央有裂缝，即俗称的“三瓣嘴”；其次，大多数兔子都长着一对漂亮的长耳朵；最后，所有的兔子都有一根翘翘的短尾巴。

## 多功能的长耳朵

兔子的听力非常灵敏，可以随时发现敌情，迅速逃跑。另外，长耳朵还可以用来调节体温。兔子在运动时，会将耳朵高高竖起，目的是让凉风将其中的血液冷却，再通过全身的血液循环，实现身体的降温。

archives 动物小档案

类　属：哺乳纲—兔形目—兔科
身　长：30~50 厘米
体　重：2.5~4 千克
食　物：草、萝卜
分布地区：除南极外，世界各地都有分布

◀ 兔子的耳朵很长，甚至可超过头的长度

## 短尾巴的作用

兔子的短尾巴可以在紧急情况下帮助兔子逃命。当兔子被猛兽咬住时，兔子立刻使用“脱皮计”，将尾巴的“皮套”脱下，从而赢得逃命的宝贵时间。

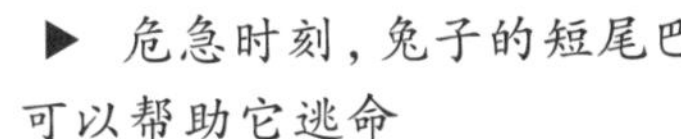

▶ 危急时刻，兔子的短尾巴可以帮助它逃命

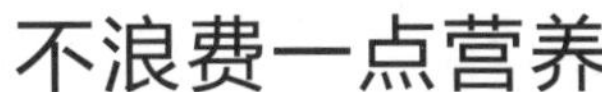

## 不浪费一点营养

兔子爱吃萝卜、白菜等蔬菜，连菜根都吃得干干净净。而且几乎所有的野兔都会吃掉自己的粪粒，这样做是为了彻底吸取食物中的营养。

◀ 兔子最喜欢吃的是多汁类的蔬菜

## 兔宝宝的出生

兔妈妈要生宝宝时，首先会在草丛中铺上一层自己的毛，给小兔营造一个安静舒适的家。每天清晨，是小兔一天中唯一进食的机会，这时候千万不要打扰它们哦。

▶ 当母兔要产子的前一天，它们就会在胸部和脚侧的位置拔毛，利用拔出来的毛来建一个给小兔子保温的窝

▶ 兔子十分机警，冬天时只沿着自己的脚印返回洞穴

## 狡兔三窟

兔子掘洞本领很高，常会在洞穴里留有几个出口，这样如果“前门”有危险，它仍可以从“后门”逃走。如果没有洞穴藏身，兔子会躲在杂草丛中，一动不动地趴着。这样，即使敌人靠得很近，也很难发现它。

# 狗

▲ 狗是一种很常见的犬科哺乳动物，也是饲养率最高的宠物

狗是人类最忠实的朋友。它们聪明、勇敢、忠诚，在人们的生活中起着很重要的作用。狗的嗅觉很敏锐，可以轻易察觉猎物留下的痕迹。因为这些特性，狗在搜寻、侦查等方面已经成为人类的好帮手。

## 狗的祖先

狗的祖先是凶残的狼。一次偶然的机会，猎人把初生的小狼带回了家，在猎人充满爱心的饲养后，发现驯育狼仔其实很容易，于是，经过长期的驯养，终于培育出狗这种动物。如今，狗已经成为人类非常特殊的朋友。

▲ 警犬经过专门训练，可以执行追踪、鉴别、搜捕、搜毒、搜爆等工作

## 散热降温

狗不能依靠身体出汗来散发自身的热量，它们为自己降温的方式与众不同，最常用的办法就是伸出舌头加速呼吸和利用脚垫排汗。

▶ 炎热的夏季，狗大张着嘴巴，垂着长长的舌头，靠唾液中水分蒸发来散热

◀ 宠物犬可以为人们消除孤寂，带来快乐

## 食不知味

狗的味觉器官很迟钝，吃东西时，很少咀嚼，几乎都是吞食。因此，狗不是通过细嚼慢咽来品尝食物的味道的，主要是靠嗅觉和味觉的双重作用。

▶ 狗靠嗅觉和味觉鉴别食物

**archives 动物小档案**

类　属：哺乳纲—食肉目—犬科
身　长：20~100 厘米
体　重：5~50 千克
食　物：杂食
分布地区：除南极外，世界各地都有分布

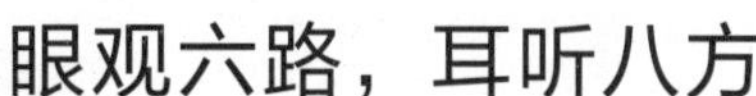

## 眼观六路，耳听八方

狗的视角非常宽阔，视觉范围可达到 250 度。狗的听觉是人的 16 倍，可分辨极为细小或者高频率的声音，而且对声源的判断能力也很强。所以，狗可以眼观六路，耳听八方。

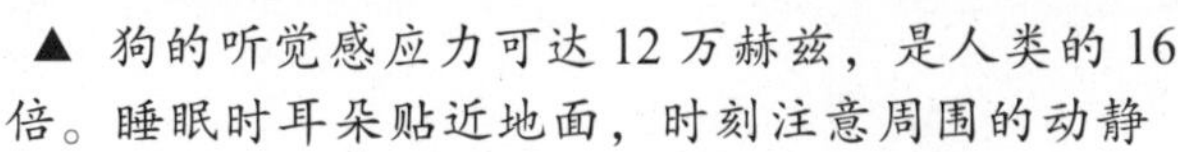

▲ 狗的听觉感应力可达 12 万赫兹，是人类的 16 倍。睡眠时耳朵贴近地面，时刻注意周围的动静

▶ 小狗和妈妈

## 小狗的成长

雌犬的孕期为 2 个月，每次能产 1~4 只小狗。刚出生的小狗嗅觉灵敏，但 9 天后才能睁开眼睛，10~20 天后才能听到声音。小狗吃妈妈的乳汁长大，一般在 4~8 个月后断奶，之后就可以独立进食了。

# 鸟 类

鸟类是有翅膀、羽毛和喙的温血动物。大多数鸟类都会飞，它们翩翩飞舞的身影为大自然增添了一道靓丽的风景。同时，鸟类对地球上昆虫数量的控制、植物种子的传播起了很大的作用。

# 鸵　鸟

鸵鸟是世界上最大和最重的鸟。虽然是鸟，但翅膀已丧失了飞行能力。鸵鸟拥有着一双修长、有力的长腿，可以不费力地跑很长的距离，最快时每小时可以跑 70 千米。

## 宽大的翅膀

鸵鸟奔跑时会伸开它那双大翅膀，这样可以使它的身体保持平衡。但它们的翅膀不像其他会飞的鸟的翅膀有防水功能，一旦下雨，鸵鸟的羽毛就会被淋透。

▲ 鸵鸟的翅膀

archives 动物小档案

类　属：鸟纲—鸵鸟目—鸵鸟科
身　长：1.7~2.75 米
体　重：60~160 千克
食　物：果实、种子、树叶
分布地区：非洲东部沙漠、热带大草原

## 食谱

鸵鸟的食谱很杂，不同季节吃不同的食物。一般吃树叶、树根、种子等，但有时也吃蜥蜴等小型动物。鸵鸟还吃沙子、小石头，这些东西可以帮助它们消化食物。

◀ 进食的鸵鸟

▼ 鸵鸟觅食时，经常抬头四处观望，这样就可以及时地发现敌害，并且通报同伴迅速躲避



## 群居更安全

虽然鸵鸟的视力绝佳，身体也很强壮，尤其是它的大脚非常有力，有时候甚至能将一头狮子踢得无法招架，但是为了保证群体的安全，鸵鸟通常群居。一般 10 只左右一群，但也有 100 多只一群的。

▶ 当有其他雄性鸵鸟靠近时，作为首领的雄鸵鸟会利用翅膀将之驱离并大叫

## 唯我独尊

当两个家庭碰到一起时，雄鸵鸟之间就会产生一股浓浓的火药味。为了显示地位，雄鸵鸟之间会展开激烈的战斗，失败者落荒而逃，胜利者则将全部的雌鸵鸟和小鸵鸟收编为自己的家族成员。

▶ 雄性鸵鸟带着小鸵鸟

## “童子军”领导者

鸵鸟“太太”的地位“高高在上”，它们将孵蛋的工作交给“先生”来完成。一只雄鸵鸟有时要为 5 只雌鸵鸟孵蛋，等到小鸵鸟出生，雄鸵鸟就成了一大群“童子军”的领导者。

# 鸸 鹋



鸸鹋是仅次于鸵鸟的第二大巨鸟，只有在澳洲草原才能见到，所以又有“澳洲鸵鸟”之称。它是澳洲最有代表性的动物之一，澳大利亚的国徽左边是袋鼠，右边就是鸸鹋。

## 失去飞行能力

鸸鹋的翅膀和鸵鸟一样已完全退化，无法飞翔。鸸鹋擅长奔跑，每小时能跑 50 千米以上，而且可以连续跑很久，跨跃能力也很强，一步便能跨出 1~2 米。

◀ 鸸鹋以擅长奔跑而著名，是世界上第二大的鸟类，仅次于非洲鸵鸟

## 懂得“讨好”的家伙

鸸鹋很友善，若不激怒它，它从不啄人。当有汽车在公路边停下来时，鸸鹋毫无戒备，反而会大摇大摆地踱步而来，争抢着把头伸进车窗，一是对你表示亲近，二是希望你能给点好东西吃。

## 我的地盘我做主

如果一只雄鸸鹋侵犯了另一只雄鸸鹋的领地，它们之间会为争夺“势力范围”展开斗争。入侵者会遭到对方的报复，它用自己的利爪猛烈地去抓对方的胸部，碰撞的声音在很远都能听到，直到鲜血淋漓，它们才停止战斗。

▲ 鸸鹋经常吃游人喂它的面包、香肠及饼干等

▲ 两只打斗的雄鸸鹋

▼ 刚孵化的小鸸鹋大约 25 厘米高，身上有棕黄色的条纹。3 个月之后条纹淡化消失。鸸鹋父亲至少抚养它们 6 个月

**archives 动物小档案**

类　属：鸟纲—鹤鸵目—鸸鹋科
身　长：约 1.5 米
体　重：45~50 千克
食　物：树叶、昆虫
分布地区：澳洲草原

## 怎能辨我是雄雌

雌鸸鹋和雄鸸鹋长得十分相像，让人很难分辨它们的“性别”。经过仔细观察，人们发现，只有雄鸸鹋才会发出类似“而喵”的叫声。

▼ 成年雌性鸸鹋比雄性大，但也很难通过体型分辨

# 秃　鹳

秃鹳生活在较干旱的非洲大草原上，是一种专食腐肉的鸟。虽然身躯庞大，但是飞行却十分灵敏。秃鹳常和秃鹫结成“联盟”，共同在草原上空盘旋飞行，猎食动物尸体的腐肉。

## 身体特征

秃鹳长着笔直的长腿和弯曲的颈，颈下垂吊着光秃秃的嗉囊，秃鹳因此而得名。庞大的身躯并不影响秃鹳轻快地飞行，它的腿骨和趾骨都是中空的，这有效地减轻了它的重量。

▼ 秃鹳是一种大而笨重的涉禽，体长 110~135 厘米，体重约 10 千克，站立时颈直起来，身高可达 1.2 米

▲ 秃鹫和秃鹳一样，吃的大多是哺乳动物的尸体，也就长成了现在这样光秃秃的怪模样

## 秃鹳和秃鹫

秃鹳经常尾随在秃鹫群之后。当秃鹫用尖利的嘴撕开动物尸体的厚皮时，大群的秃鹳便成群结队地飞向秃鹫群。但是它们之间并不会为抢夺食物而发生战斗，因为它们的口味不同，秃鹫喜欢吃内脏，而秃鹳则喜欢吃肌肉。

## 因“火”得福

对于大部分动物来说，草原上燃起的大火无疑是一场浩劫，而这时却是秃鹳最高兴的时刻，因为这正是它们捕杀那些逃命的小动物的好时机。

archives动物小档案

类　属：鸟纲—鹳形目—鹳科
身　长：100~150 厘米
体　重：约 10 千克
食　物：果实、种子、树叶
分布地区：非洲大草原

▲ 秃鹳飞行时不像其他鹳那样颈向前伸直，而是头缩至肩上，主要通过两翅缓慢扇动、鼓翼飞行

## 解毒药

秃鹳体内可产生一种能够抑制病菌的抗菌素，所以，它们才能这样有恃无恐地吞食草原上的腐肉。

▶ 秃鹳主要以鱼、蛙、爬行类、软体动物、蟹、甲壳类、蝗虫、蚱蜢、蜥蜴、啮齿类、雏鸟和昆虫等动物性食物为食，偶尔吃动物尸体

## 喜欢与狮子为伍

非洲草原上一般的动物对狮子都“敬而远之”，但秃鹳却很喜欢追随狮群一起活动。这是因为秃鹳的嘴没有锋利的钩子，不能够啄开动物尸体上的厚皮。它们往往等待狮子捕猎后，捡拾一些残渣。

▶ 秃鹳嘴粗而长，呈楔形，嘴基部较厚，往先端逐渐变细

# 游 隼

游隼号称是空中飞行速度最快的鸟，它的时速可以达到360千米，超过某些飞机的速度。虽然游隼的个头不大，但它是一种很凶猛的鸟类，善于在空中捕食，以野鸭等鸟类为食。

▼ 游隼在悬崖峭壁上用枯枝、杂草和羽毛筑巢

## 住得高、看得远

游隼喜欢在靠近水边的悬崖峭壁上筑窝，这样它们就可以很容易地发现猎物，同时，它捕食回来也可以很容易地找到自己的“家”。

**archives 动物小档案**

类　属：鸟纲—隼形目—隼科
身　长：40~50 厘米
体　重：600~800 克
食　物：蜥蜴、小型鸟类
分布地区：遍布于世界各地

## 精彩的捕猎“表演”

一旦发现猎物，游隼会突然加速，贴近猎物时迅速地伸出强健的脚爪，狠击猎物的头部、背部，当猎物被击昏或击毙从高空翻滚坠落时，游隼会快速轻盈地跟着猎物下降，在半空中把猎物抓走。

◀ 游隼的嘴就像弯钩，十分锋利，可以将野鸭、乌鸦、野鸡、鼠类和野兔等猎物撕碎

▲ 游隼夫妻俩轮流孵蛋，雏鸟出生后，还要在巢穴里生长约40天才能离巢

## 轮流孵蛋

游隼孵蛋是轮流进行的，当雌鸟外出时，雄鸟会接着孵蛋，因为，在孵蛋的过程中温度必须保持恒定，一旦出现停止的情况，鸟蛋可能就永远也孵不出小鸟了，所以夫妻俩总是轮流捕食，轮流孵蛋。

## 濒危的生灵

由于人类大量使用杀虫剂，影响了游隼的繁殖能力，特别是使蛋壳变薄，容易破裂，这是造成游隼数量锐减的主要原因之一。另外，栖息地遭到人类活动的破坏，也是重要的原因。我国已将游隼列为国家二类保护动物。

▶ 游隼数量正在急剧下降，许多科学家正全力以赴，开始进行拯救和保护游隼的工作

### 游隼护航

由于游隼经常会袭击一些低空飞鸟，所以有游隼出现的地方，这些鸟都会逃之夭夭。于是，人们就在机场附近饲养游隼来赶跑其他飞鸟，以降低飞鸟与飞机相撞的几率。

▶ 人工饲养的游隼

# 犀　鸟

犀鸟是一种漂亮而珍贵的大鸟，因为它的大嘴长得很像犀牛的鼻子，所以叫做“犀鸟”。它的嘴巴看起来很笨拙，实际上却非常灵巧。犀鸟喜欢成群活动觅食，喜欢吃果实，也吃各种昆虫。

## 犀鸟家族

全世界已知的犀鸟有 40 多种。其中，红喙弯嘴犀鸟体型小而修长，羽翼上有白色的斑纹；红脸地犀鸟羽毛黯黑，是犀鸟家族中体型最大的一类。

archives 动物小档案

类　属：鸟纲一佛法僧目一犀鸟科
身　长：70~120 厘米
体　重：约 800 克
食　物：浆果、昆虫、鱼
分布地区：非洲、东南亚的马来半岛、苏门答腊等地区

▲ 双角犀鸟的大眼睛上长有粗长的眼睫毛

▲ 红脸地犀鸟

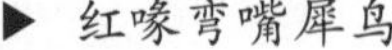

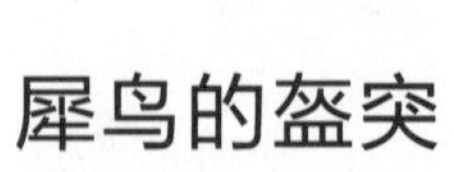

▶ 红喙弯嘴犀鸟

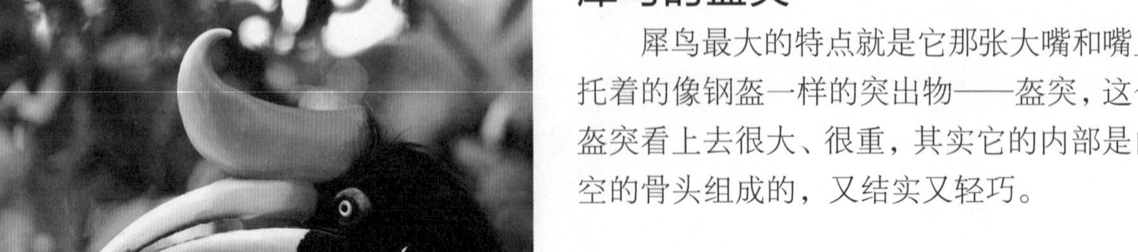

## 犀鸟的盔突

犀鸟最大的特点就是它那张大嘴和嘴上托着的像钢盔一样的突出物——盔突，这个盔突看上去很大、很重，其实它的内部是由空的骨头组成的，又结实又轻巧。

◀ 经过科学家研究发现，犀鸟的嘴和盔突是中空的，里面如同蜂巢，充满了空隙

## 灵巧的大嘴

犀鸟的大嘴非常灵巧，可以用来采食浆果、捕捉老鼠和修建巢穴等。研究发现，犀鸟的大嘴和“盔突”中间充满了空气，不仅可以减轻身体的重量，而且还非常坚固。

### “搞怪”的吃相

犀鸟喜欢栖息在密林深处的参天大树上，啄食树上的果实，有时也捕食昆虫、爬行类、两栖类等小型动物。犀鸟吃东西的时候，往往会先用嘴将食物向上抛起，然后再用嘴准确地接住并吞下食物。

◀ 犀鸟的嘴是乳白色的，形状很像犀牛的角

## 为什么叫“钟情鸟”

犀鸟非常重感情，如果有一只死去，另一只决不会另寻新欢，它必将在忧伤中绝食而亡，所以人们称它们为“钟情鸟”。

◀ 一对犀鸟正在互相表达感情

▶ 雄犀鸟给躲在树洞中孵蛋的雌鸟喂食

## 辛苦的雄鸟

每年春天，当雌犀鸟要产卵时，就会待在树洞里，开始长达28~40天的“禁闭”生活。这期间雄鸟非常辛苦地为雌鸟捕食，它带给雌鸟的果子可达2万多个。等小鸟孵出后，雌鸟才离开巢穴自己觅食。

archives动物小档案

类　属：鸟纲—䴕形目—啄木鸟科
身　长：约40厘米
体　重：约60克
食　物：各种害虫
分布地区：欧洲东部、北非、印度东北、中国、日本

▲ 啄木鸟从树干中啄出隐藏的虫子

# 啄木鸟

全世界大约有180种啄木鸟，其中最常见的是大斑啄木鸟。啄木鸟非常勤劳，整天围着树干转，啄食树木上的虫子，一只啄木鸟一天可以吃上千条虫子，真是名符其实的“森林医生”。

▲ 啄木鸟的“眼睫毛”保护它不被木屑伤害到

## 长长的“眼睫毛”

啄木鸟在凿洞时会产生许多木屑，这些木屑有时可以飞落到周围10米之远。但是不用担心，因为啄木鸟的眼睛下方长有长长的细毛，这些细毛就像我们人类的眼睫毛一样，起到了很好的保护作用。

### 爱情电报

雄啄木鸟在求爱时，会用自己又尖又硬的嘴在空心树干上有节奏地敲打，发出清脆的“笃笃”声，像是发电报，迫不及待地向雌啄木鸟倾诉爱的心声。

## 尖锐的喙

啄木鸟的喙很锋利，可以啄开厚厚的树皮，它的舌头最长可达 15 厘米，舌头顶端还长有钩状的刺。这些特别的构造，使它能够轻而易举地啄食到树木中的害虫。

▲ 啄木鸟头上有多种防震装置

## 减震器

啄木鸟敲击树干的速度非常快，每秒钟可达 20 次。如此快而有力的节奏产生的震动是非常大的，但是并不会影响啄木鸟的大脑，因为它的喙后面有一处柔软的区域，具有减震的效果。所以无论它如何敲击树干，都不会震到脑部。

▲ 啄木鸟凿的洞

◀ 啄木鸟的巢

## 凿洞专家

啄木鸟可以根据声音判断出树洞里有没有虫子，无论虫子藏得有多深，啄木鸟都会找到它。啄木鸟会在树干上凿出好几种不同形状的洞，有的作为哺育幼鸟的育婴室，有的作为自己的巢穴。

## 一生都在树上

啄木鸟的一生都在树上度过，它们在树上筑巢安家，生育宝宝，每天都在树干上啄洞捉虫子。

# 猫头鹰

猫头鹰的学名叫鸮，是著名的夜行性动物。猫头鹰听力敏锐，视力极佳，所以它在夜间也可以成功捕食猎物。一只猫头鹰一个夏天大约可以捕获 1000 只老鼠，为人类作出巨大贡献。

▲ 猫头鹰利用树洞、孵卵育雏

▼ 猫头鹰的羽毛非常柔软，翅膀上还长有天鹅绒般密生的羽绒

## 随遇而安

猫头鹰是全世界分布最广的鸟类之一。除了南极地区以外，世界各地都可以见到猫头鹰的踪影。猫头鹰的窝有的筑在树洞里，有的筑在岩石中，有的筑在地面上，还有的筑在巨大的仙人掌中。

## 柔软的羽毛

猫头鹰周身的羽毛大多为褐色，稠密而松软。许多猫头鹰的脚部都长有厚厚的羽毛，可以避免在捕食蛇一类的动物时被咬伤。

archives 动物小档案

类　属：鸟纲—鸮形目—鸱鸮科
身　长：约 50 厘米
体　重：2~4 千克
食　物：老鼠、野兔
分布地区：除南极以外，世界各地都有分布

## 特别的耳朵

猫头鹰是夜间出来捕食的猛禽，听力对它们来说特别重要。猫头鹰的头骨不对称，所以它的两只耳朵不在同一个水平面上，有利于根据地面猎物发出的声音来确定猎物的正确位置。

▲ 猫头鹰的听觉非常灵敏，在伸手不见五指的黑暗环境中，听觉起主要的定位作用。猫头鹰的左右耳是不对称的，左耳有很发达的耳鼓

## 永远向前看

猫头鹰的大眼睛只能朝前看，要向两边看的时候，就必须转动它的头。猫头鹰的脖子又长又柔软，能转动 270 度。

▲ 猫头鹰只需要转动头部，就能望向不同的方向

▼ 雪猫头鹰羽色非常美丽，通体为雪白色，有的时候也布满暗色的横斑

## 雪猫头鹰

生活在北极的雪猫头鹰有一套特殊的本领，当食物多时，它们就会大量繁殖；而食物少时，它们会少生甚至不生。由于北极特殊的地理环境，雪猫头鹰被迫改变白天休息、夜间捕食的习性，因为它如果在夜间捕食，则会无法挨过北极夏季漫长的白天。

# 蜂 鸟

蜂鸟是世界上最小的鸟，只有黄蜂那么大。尽管体型小巧，但每只蜂鸟都是飞行高手，可以表演各种飞行特技。蜂鸟主要以花蜜为食，偶尔也吃些小昆虫和小蜘蛛等。

archives动物小档案

类　属：鸟纲—雨燕目—蜂鸟科
身　长：约 90 毫米
体　重：约 20 克
食　物：花蜜、小蜘蛛、小昆虫
分布地区：北美洲各地

## 特技飞行冠军

蜂鸟每小时可以飞行 90 千米，如果是俯冲的话，时速可以达到 100 千米。蜂鸟的翅膀可以向任何方向旋转，所以它们可以猛地停下、盘旋，甚至倒飞。这样高难度的飞行是蜂鸟独有的本领。

▲ 蜂鸟飞翔时两翅急速拍动，快速有力而持久

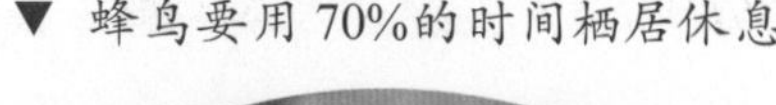

▼ 蜂鸟要用 70%的时间栖居休息

## 蛰伏

夜晚，辛苦了一天的蜂鸟进入了良好的睡眠状态，体温也从正常的 40℃降到 21℃，这样它们体内的能量消耗就会变少。这种出现在夜间的类似冬眠的状态，就是蜂鸟的“蛰伏”。

## 酷爱洗澡

蜂鸟酷爱洗澡，只要附近有可以利用的水，它们一天可以洗好几次澡。有时甚至跟在洒水车后面，让水洒到自己身上，然后抖抖身子，就好像我们洗澡一样，神清气爽。



▶ 洗澡的蜂鸟

## 勇敢的小家伙

蜂鸟虽然长得很小，却非常勇敢，当受到比自己大十倍、百倍的动物威胁时，它们也毫不退缩。它们会尽力发挥自己高超的飞行技术，对准敌人的眼睛猛啄，直到把敌人赶走为止。

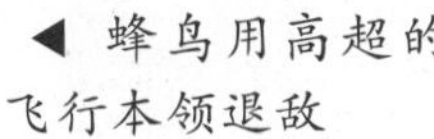

◀ 蜂鸟用高超的飞行本领退敌

棕褐蜂鸟

安娜蜂鸟

## 迁徙的蜂鸟

大部分蜂鸟分布于北美洲各地。其中红颈蜂鸟在佛罗里达南部越冬，而安娜蜂鸟和星蜂鸟则迁至墨西哥越冬，棕褐蜂鸟冬天会迁至墨西哥或加州南部海湾地区。

# 巨嘴鸟

在鸟类家族中，有一种鸟的嘴长得非常大，相当于身体长度的 1/3，这种鸟就是巨嘴鸟。巨嘴鸟的羽毛和大嘴都非常漂亮，这些羽毛能帮助它们很好地辨别同类、找到配偶。

▲ 巨嘴鸟大部分鸣声嘶哑低沉

## 栖息与种类

巨嘴鸟约有 40 个不同的品种，生活在拉丁美洲的阿根廷和墨西哥之间的热带丛林中，特别是巴西的亚马孙河一带，分布更为集中。

## 大嘴也脆弱

巨嘴鸟的嘴虽然看起来非常大，但其实重量很轻，甚至不足 30 克。这是因为巨嘴鸟的嘴骨构造很特别，外面是一层薄壳，中间贯穿着纤维极细，多孔的海绵状组织，充满空气。由于嘴中间是空的，所以它的嘴很轻，但也因此非常脆弱，有时撞到坚硬的物体会破碎。

▲ 巨嘴鸟的喙比较脆弱，很容易因外力而破碎

▼ 巨嘴鸟在地上走路的姿势笨拙又可爱

## 憨态可掬

巨嘴鸟在树上活动时，往往是跳跃着前进的，就像在地上觅食的麻雀；而当它到了地上，为了保持行进中的平衡不得不把两只脚分得很开，像个大胖子在跳远，又笨拙又可爱。

## 杂技表演

巨嘴鸟吃东西时总是先用嘴尖把食物啄住，然后仰起脖子，把食物向上抛起，再张开大嘴，准确地将食物接入喉咙里。它们这样进食，其实是为了缩短吞食的过程，因为它的大嘴实在是太长了。

◀ 巨嘴鸟特别的吃相

archives动物小档案

类　属：鸟纲—䴕形目—巨嘴鸟科
身　长：36~79 厘米
体　重：115~860 克
食　物：果实、昆虫、蜥蜴
分布地区：委内瑞拉、巴西、阿根廷西北部

## 独特的睡眠

睡觉时，巨嘴鸟的大嘴对它来说是个累赘。它不得不把头转过去，再把它的大嘴放到背上。至于它的尾巴，则卷向前方置于腹下。

▼ 休息的巨嘴鸟

# 戴　胜

全世界大部分地区都有戴胜的踪影，它们常常单独在空旷的原野及庄稼地里出现。戴胜有一个细长的尖喙，可以钻入土中把害虫一只只掏出来，因此被人们誉为“田园卫士”。

archives 动物小档案

类　属：鸟纲—佛法僧目—戴胜科
身　长：约 30 厘米
体　重：60~80 克
食　物：蝗虫、小蜥蜴
分布地区：欧亚大陆、非洲、马达加斯加岛及东南亚地区

## 多功能头羽

戴胜的头羽有警示、展现、示威等功能。在受到惊吓时，戴胜的头羽会展开，看上去非常漂亮，但其实是一种害怕的反应。在与其他同类、异类发生争斗时，戴胜的头羽也会开屏，以此向来犯者示威。

▼ 戴胜停歇或在地上觅食时，羽冠张开，形如一把扇子，遇惊后则立即收贴于头

## “臭姑姑”

戴胜长得很漂亮，但不太注重自己的生活环境。它们从来不清理堆积在窝内的秽物和雏鸟粪便，再加上雌鸟在孵卵期间会分泌一种具有恶臭气味的褐色油液，弄得巢中又脏又臭。因此，戴胜还有个俗称叫“臭姑姑”。

▶ 戴胜通常将巢穴建造在树洞中

## “沙浴”除虫

戴胜的“沙浴”一般在中午或傍晚进行，它们通常会选择在沙地或火烧后有草木灰的地方进行“沙浴”，用这种方式可以除去它们身上的寄生虫。

▶ 戴胜在沙地中洗澡

## 菜园中的除害专家

戴胜可以用细长的嘴巴啄食金针虫、蝼蛄等地下害虫。这些用农药也难以消灭的害虫，戴胜却能把它们消灭得一干二净。

▶ 戴胜以各种虫类为食

## 活泼的绿林戴胜

绿林戴胜长着一条长长的带状尾，天性活泼，喜爱热闹。同伴之间常会相互炫耀，有些还会“表演”快速而夸张的鞠躬动作。它们还有着“乐于助人”的热心肠，如果哪位母亲出门觅食，其他戴胜就会主动帮它照顾幼鸟。

▼ 绿林戴胜

# 鹦 鹉

鹦鹉长着色彩绚丽的羽毛，在阳光照耀下有着美丽的光泽。飞翔时，宛如一道缤纷的彩虹。鹦鹉是一种非常聪明的鸟，善于模仿人类的语言，很早以前人们就开始饲养鹦鹉，它为人们带来了很多快乐。

情侣鹦鹉

虎皮鹦鹉

海角鹦鹉

## 家族档案

鹦鹉分布于美洲、澳大利亚和我国南部等地的热带丛林中。鹦鹉家族成员众多，其中非常出名的有虎皮鹦鹉、金刚鹦鹉、情侣鹦鹉、葵花凤头鹦鹉、红领绿鹦鹉、绯胸鹦鹉等。

葵花凤头鹦鹉

彩虹吸蜜鹦鹉

## “鹦鹉学舌”

鸟类学家一直将鹦鹉鸣叫和模仿人发声的能力归结为它们的鸣管。一些研究人员近来发现，在发音过程中它的舌头也在起作用。所以，“鹦鹉学舌”真的没有说错，因为鹦鹉也能够像人类一样运用舌头来“塑造”声音。

▶ 鹦鹉的“口技”在科学上也叫效鸣

## 谁更美丽

大多数脊椎动物雄性比雌性美丽，但鹦鹉正相反，雌性鹦鹉的羽色比雄性鹦鹉更加丰富、鲜艳。雌性的颜色通常是明亮的红色，而雄性则是绿色。

▲ 啄羊鹦鹉

**archives 动物小档案**

类　属：鸟纲—鹦形目—鹦鹉科
身　长：60~100 厘米
体　重：400~600 克
食　物：树叶、蝗虫
分布地区：美洲、澳大利亚及我国南部地区

▶ 雌性鹦鹉大多羽毛色彩绚丽，鸣叫响亮，很容易识别

## 鹦鹉也吃肉

鹦鹉算是一种食素的鸟类，常以浆果、坚果、种子、花蜜等为食。但是，有一种栖息在深山中的鹦鹉，除了具有普通鹦鹉的食性外，还喜吃昆虫、螃蟹、腐肉，有时还会跳到绵羊背上啄食羊肉，十分奇特。

## 非洲灰鹦鹉

非洲灰鹦鹉属较大型的鹦鹉。全身羽毛呈灰色，尾巴为鲜红色，外观朴实憨厚。非洲灰鹦鹉具有高超的语言能力，是所有鹦鹉中最聪明，也最会学人说话的一种鸟类。

▶ 非洲灰鹦鹉

# 海 鹦



海鹦又叫做角嘴海雀、海鹦鹉，是一种很有特色的鸟类。海鹦的羽毛为黑色和白色，腿呈现出浅浅的橘色，雄海鹦的喙会随着季节的不同改变颜色。海鹦喜欢热闹，总是成千上万只聚集在一起。

▲ 海鹦平时在大海的上空展翅飞翔

## 海鹦的喙

海鹦以鱼类为食，喙是它捕鱼的工具。同时，海鹦的喙还是它吸引异性的标志。每年的繁殖季节，雄海鹦的喙就由原来的灰白色变成绚烂的彩色，以此来取悦雌海鹦。

▲ 海鹦的大嘴巴呈三角形，带有一条深沟。面部颜色鲜艳，看起来非常美丽可爱

## 特殊的“化妆品”

海鹦的尾部有一个分泌油脂的腺体，它们会把这些油脂涂满羽毛。这层油脂一方面可以减少海鹦在飞行时散失的热量，另一方面可以使海鹦在水中穿梭自如。

## 海鹦的绝活

海鹦在飞行时翅膀每分钟可扇动300~400次，飞行速度可达每小时 40 千米。而且在水中海鹦的翅膀简直就像个发动机，游起来比一般的鱼还快，海鹦还可以潜入水下 24 米去捕鱼。

▼ 海鹦靠捕食海洋鱼类为生，游泳本领极强

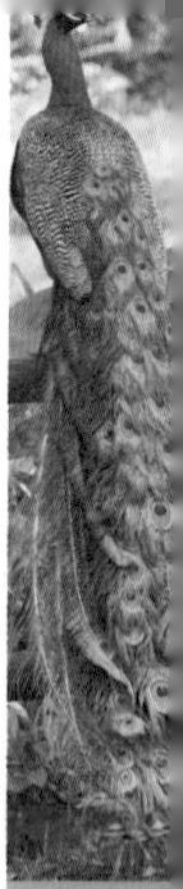

## 梨形的蛋

海鹦将蛋产在陡峭的石壁上，虽然没有巢穴的保护，但是这些蛋并不会被海风吹走。原来，海鹦的蛋是梨形的，就像一只不倒翁，这是它为了适应环境而演变出来的本领。

▲ 海鹦喜欢群居，把巢穴筑在沿海岛屿的悬崖峭壁上的石缝中或洞穴里。它们的巢穴主要用做休息和储藏食物

## 留住美丽

海鹦的天敌是海鸥、鲨鱼、虎鲸等，人类有时也捕猎海鹦，因为它们有一身漂亮的羽毛。海鹦曾经濒临灭绝，出于各国政府的保护，我们才能看见它们又翱翔在蓝天上。

**archives 动物小档案**

类　属：鸟纲—鸻形目—海雀科
身　长：约 30 厘米
体　重：400~800 克
食　物：小鱼
分布地区：挪威北部

▼ 海鹦不论是迁徙途中飞行，还是在栖息地，它们总是成群结队，统一行动。这样做是一种有效的自卫行为

# 雪 雁

雪雁是为数很少的食草鸟类，它们全身的羽毛都是白色的，喙和足是朱红色的，与它们生存的环境结合在一起，显得那么自然、协调。它们双翅宽大，脚上有蹼，是游水和飞行的高手。

◀ 雪雁的喙扁平，边缘锯齿状，有助于过滤食物

## 雪雁的喙

雪雁主要以植物为食，是天生的素食者。雪雁的喙宽短有力，边缘还有齿状的刻纹。这样的喙既方便咬断青草，又可以过滤水中的小虫。

### archives 动物小档案

类　属：鸟纲—雁形目—鸭科
身　长：约 80 厘米
体　重：约 600 克
食　物：草、树叶
分布地区：夏季在北美洲的北极地区，9 月迁至墨西哥附近过冬

## 雪雁的征程

春天到来了，雪雁从越冬地向北极进发，它们在旅途中已寻好了配偶。6 月初，到达北极后，雪雁就马不停蹄地开始筑巢、产卵。9 月初，所有的雪雁又要动身到南方越冬了。

## 如此精确

雪雁迁徙的路途如同飞机航线一样精确。年复一年，它们都沿同一条路线飞行，从不改变。

◀ 迁徙途中在宁静的水面上游泳的雪雁

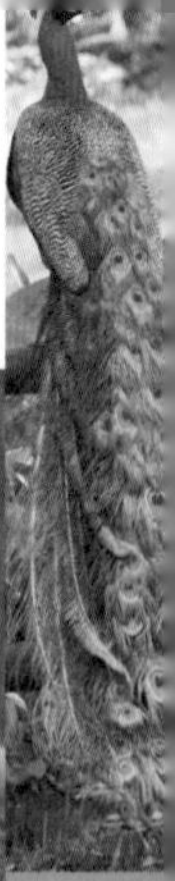

## 换羽危机

对于鸟类来说，换羽是生命中一次重要的过程。大多数鸟类的换羽是逐渐更替的，使换羽不影响飞行能力。但雪雁的换羽则是一次性全部脱落，在这个时期内它完全丧失了飞翔能力，所以在此期间雪雁必须隐蔽于湖泊草丛之中，以防被敌人发现。

▼ 雪雁隐蔽在湖泊草丛之中，以防敌害的捕食



## 认真负责的雪雁妈妈

每年 6 月下旬，小雪雁纷纷破壳而出。由于小雪雁此时还不能飞行，母雪雁便带领子女们迁移到河流、小溪边，寻找一个隐蔽的场所来躲避天敌的捕杀。此后，小雪雁在母亲的照顾下逐渐羽翼丰满。8 月份它们就开始学习飞行、觅食的技巧，9 月份，它们就可以独立飞行了。

▼ 繁殖雪雁和它的子女们以及非繁殖雪雁聚集一堂，最多可达上万只

▼ 雪雁在寒冷的极地繁殖，在北美洲南部的温暖地区过冬

# 燕 鸥

**动物小档案**

类　属：鸟纲—鸥形目—鸥科
身　长：20~55 厘米
体　重：130~170 克
食　物：小鱼、螃蟹
分布地区：广泛分布于世界各地

▼ 燕鸥是鸥科中体型较小的类群。嘴形细长，飞行时嘴端向下，脚短而细，尾较长

燕鸥是一种体态优美的鸟类，其长喙和双脚都是鲜红的颜色，就像是用红玉雕刻出来的。燕鸥是生命力非常顽强的鸟类，每年都要在南极和北极之间飞行数万千米。为了防范外敌入侵，它们经常成千上万只聚在一起。

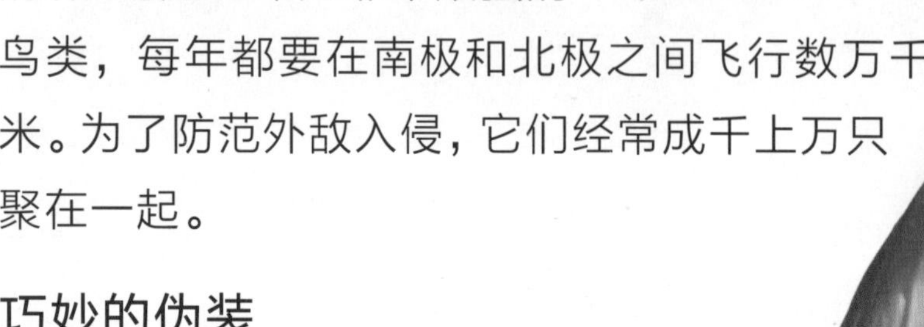

## 巧妙的伪装

燕鸥常在沙地里筑巢，它们的蛋上有和周围沙粒非常相似的斑纹，可以很容易地隐藏在沙地上。

▼ 燕鸥常结群在海滨或河流活动。巢置于沼泽地的沙土窝中

## 跳水皇后

燕鸥和普通的鸥类相比，体型稍小，喙尖，尾翼呈叉形，翅膀也更尖细。燕鸥常常身姿优雅地在海面上空盘旋，发现鱼后骤然俯冲入水捕食。

◀ 燕鸥主要靠潜入水中捕捉甲壳动物和小鱼为食

▲ 燕鸥是动物中的“飞远冠军”，可以不费力地从南极洲飞到遥远的北极地区



## 不畏艰险追求光明

燕鸥每年在北极和南极之间往返一次，行程数万千米。它们总是在两极的夏天中度日，而两极的夏天太阳总是不落的，所以，它们是地球上唯一一种永远生活在光明中的生物。

## 团结就是力量

北极燕鸥争强好斗，勇猛无比。虽然它们内部经常争吵不休，甚至大打出手，但一遇外敌入侵，它们立刻尽释前嫌，一致对外。为了集体防御，它们经常成千上万只聚在一起。别说其他小动物，就连最为强大的北极熊也让它们三分。

▼ 北极燕鸥聚成巨大嘈杂的群体

▶ 企鹅现存 18 种，它们常被当作是南极的象征

# 企　鹅

企鹅背部的羽毛是黑色的，腹部则呈白色，这使它们看上去很像一个身穿燕尾服的绅士。企鹅是不会飞行的鸟类，但它们已完全适应了水中生活。它们喜欢群居，非常团结。

**archives 动物小档案**

类　属：鸟纲—企鹅目—企鹅科
身　长：约 1 米
体　重：约 30 千克
食　物：鱼、虾
分布地区：南极大陆、南非、南美洲西部都有分布

## 生存意志

南极洲冬季最低气温达零下 88.3℃，在这样恶劣的环境中，为了维持体温，小企鹅会躲在妈妈的肚子下与脚面之间。等到它们长大了，就能像妈妈一样，忍受零下近百度的酷寒。

▼ 企鹅的外表气度不凡，显得有点高傲，甚至盛气凌人

## 南极最早的定居者

动物学家考证企鹅的“家史”，证明企鹅原来是最古老的一种游禽。企鹅很可能在南极洲未穿上冰甲之前，就已经来这儿定居了。

▲"企鹅幼儿园"的小企鹅排着整齐的队伍，由企鹅领袖带着，面朝一个方向齐步走，好像一支训练有素的仪仗队

## 谦谦君子

帝企鹅是企鹅家族中体型最大的一种，身高大约有 1.2 米，相当于一个八九岁儿童的身高。帝企鹅很有"绅士风度"，它们常常轮流做企鹅群的领袖，以防止贼鸥偷袭幼企鹅及企鹅蛋。

▶ 雄企鹅将胃里的甲壳类或鱼类食物吐出来，喂养小企鹅

## 伟大的父亲

雌企鹅将卵产下后，就去海中觅食，雄企鹅独自承担孵卵的任务。在 2 个月的孵化期内，企鹅爸爸不吃也不动，一旦移动卵就会掉落，酷寒会迅速冻死蛋中的胚胎。如果雌企鹅没有及时回来给幼鸟喂食，雄企鹅会吐出自己胃中的液体，代替食物给幼鸟吃。

## 忠贞的夫妻

在岸边生活的阿德利企鹅的数量多达 100 多万，它们一旦结为夫妻，彼此便恪守海誓山盟的诺言，相敬如宾。第二年，它们会在前一年相会的地方寻找对方。

▼ 阿德利企鹅的配偶关系非常强烈，企鹅夫妇彼此记得对方的叫声，靠着叫声来找到对方

### 不会飞的鸟

尽管企鹅的双翅已经变得短小而扁平，使它失去了飞翔的能力。但企鹅已完全适应了水中生活，它那如同船桨的短翼，使它成为了游泳和潜水的能手。

# 信天翁

信天翁是南极地区最大的飞鸟。它们身披着洁白的羽毛，尾端和翼尖带有黑色斑纹，躯体呈流线型，非常适合飞行。信天翁擅长长距离飞行，还能凭借气流作用十分自在地滑翔。

archives动物小档案

类　属：鸟纲—鹱形目—信天翁科
身　长：130~350 厘米
食　物：虾、小鱼
分布地区：环绕南极洲的海洋和岛屿、南半球大陆海岸

## “风之子”

信天翁可以称作“风之子”，它不喜欢阳光明媚、和风日丽的天气，只有风才是它的最爱，因为信天翁全靠风的力量飞行，没有风它甚至不能起飞。

▼ 信天翁非常善于滑翔

信天翁的翅膀非常长，双翅展开时从一边翼尖到另一边翼尖可达 3 米多，在海鸟中再没有比它翅膀更长的鸟了

## 擅长飞翔和滑翔

信天翁号称“飞翔冠军”，它们习惯于长距离飞行，可以连飞数日，毫不倦怠。信天翁还是空中滑翔的能手，它可以连续几小时不扇动翅膀，仅凭借气流的作用，十分自在地滑翔。

▲ 信天翁掠海飞行抓捕鱼类

▼ 信天翁驱赶天敌

## 防身绝技

信天翁虽然在陆地上活动不便，但它们有防身的绝技。当天敌迫近时，它们大都能分泌有强烈麝香气味的胃油，在天敌被胃油的气味熏退时，它们趁机逃之夭夭。

## 求婚舞曲

在繁殖季节，信天翁为了求爱会精心设计舞蹈。比如，它们会展开翅膀跳舞，用嘴发出叫声，深深地鞠躬，或者将头和颈伸向天空。

▼ 信天翁用舞曲来求婚

## 偏爱“独生子女”

雌信天翁一年只产 1 枚蛋，由雌、雄鸟共同孵蛋。可能是因为信天翁每年只繁殖1个后代，所以“父母”对“子女”极端宠爱。

▶ 信天翁在岸边、岛屿的岩石上营巢，巢非常简陋，主要是利用枯草、苔藓和泥土筑成。每窝产卵 1 枚，幼鸟需要亲鸟精心地养育，亲鸟以反刍出来的食物来饲养幼鸟

动物百科

# 白鹈鹕

▲ 鹈鹕是一种喜爱群居的鸟类。喜欢成群结队地活动

白鹈鹕体型粗短肥胖，颈部细长。它最突出的特征就是大嘴下有一个橙黄色的皮囊，叫做袋囊，主要是用来储存食物的。它们常成群地生活、栖息于湖泊、江河、沿海和沼泽地带，以各种鱼类为食。

## 鹈鹕的种类

鹈鹕可分为褐色鹈鹕、白色鹈鹕、美洲鹈鹕、澳洲鹈鹕等不同种类。其中，澳大利亚白鹈鹕是喙最长的鸟，长度可达 34~47 厘米。

▼ 褐色鹈鹕

▼ 美洲白鹈鹕

## 独特的袋囊

白鹈鹕的袋囊主要是用来盛放食物的，袋囊的容量很大，能装下足够它吃 1 星期的食物。袋囊还具有“狗舌头”的功能，可用来抖动生风从而降低体温。

◀ 白鹈鹕张开大嘴，凫水前进，连鱼带水都成了它的囊中之物，再闭上嘴巴，收缩喉囊把水挤出来，鲜美的鱼便吞入腹中，美餐一顿

## 未雨绸缪

人们经常会在鹈鹕巢穴的附近见到一些臭鱼烂虾，原来这些是鹈鹕为防止在暴风雨天气不能下海捕鱼而储备的。

▼ 繁殖期内白鹈鹕的淡红色羽毛

▲ 白鹈鹕在野外常成群生活，每天除了游泳外，大部分时间都是在岸上晒太阳或耐心地梳洗羽毛

## 生产前的准备

繁殖期内鹈鹕的羽毛会由白变为淡红色，它们用芦苇筑巢。雌鹈鹕将白色带青的细长卵产于其中。大约 42 天后，小鹈鹕就出生了，3 个月后，它们就可以独立生活了。

**archives 动物小档案**

类　属：鸟纲—鹈形目—鹈鹕科
身　长：140~175 厘米
体　重：约 13 千克
食　物：鱼、蚂蚁
分布地区：中南美洲、欧洲

## 尽责任的父母

在孵化小鹈鹕的过程中，雌鸟非常辛苦。它们美丽的羽毛逐渐失去光泽，多数雌鸟的胸部都会有一块褪毛后留下的皮肤。白鹈鹕父母共同负责小鹈鹕的安全和成长，当一个外出捕食时，另一个就留下来看护小鹈鹕，直到小鹈鹕长大为止。

▼ 白鹈鹕父母将自己的大嘴张开，让小鹈鹕将脑袋伸入它的喉囊中取食

# 吸蜜鸟

吸蜜鸟种类繁多，形态多样，但都属于中小型鸟，主要生活在森林里。吸蜜鸟全身羽毛色彩华丽，而且它们的尾形也非常漂亮，展开翅膀飞翔时，就像一道美丽的风景，点缀着大森林。

## 生活地点

吸蜜鸟大约有 180 多种，主要分布于新几内亚和澳大利亚等地。在印度尼西亚、新西兰和夏威夷的太平洋诸岛也有分布。

▶ 吸蜜鸟主要栖息于森林中，但在其他环境中也有分布，食物为昆虫、浆果和花蜜

### 动物小档案

类　属：鸟纲—雀形目—吸蜜鸟科
身　长：10~35 厘米
食　物：花蜜、昆虫、浆果
分布地区：澳大利亚及太平洋诸岛

## 喜欢吃花蜜

吸蜜鸟如同其名，喜欢吃花蜜。它们喙的前端有锯齿物，舌的结构也很特殊，能从嘴里伸出来，其前端呈刷毛状，非常适合吸食花蜜。

▲ 一只漂亮的吸蜜鸟正在吸食花蜜

▶ 吸蜜鸟羽毛色彩华丽，有不少样貌奇特的种类

## 漂亮的羽毛

因为吸蜜鸟的羽毛非常漂亮，夏威夷群岛一些部落的酋长常用它来做斗篷。卡美哈美王一世的长袍绝无仅有，是由黄色的马莫吸蜜鸟和少数红色的镰嘴吸蜜鸟的羽毛制成的。

## 安全幸福的家

澳大利亚的吸蜜鸟在筑巢时，会捉来很多漂亮的毛毛虫，在每个毛毛虫的头上啄一下，这样它们就丧失了活动能力，然后把它们沿着鸟巢的边围成一圈，漂亮的家就建成了。当其他小动物把头伸进鸟巢时，就会被毛毛虫的绒毛刺到。这个家真是又漂亮又安全！

▼ 吸蜜鸟巢

◀ 蓝脸吸蜜鸟

## 凶猛的蓝脸吸蜜鸟

吸蜜鸟中有一种蓝脸吸蜜鸟，是澳大利亚东部最常见的鸟类之一。它们生性凶猛，敢于攻击比自己大很多的鸟类，甚至常在街头攻击人类。

# 伯　劳

▼ 伯劳站在树枝的高处，以敏锐的视觉寻找猎物

伯劳的个体很小，却生性凶猛，能捕食小鸟以及一些小型哺乳动物。它们常常立在枝头张望四周，一旦发现猎物，便疾飞直下捕捉。伯劳的喙尖端具有利钩，捕到猎物后可以立即将它撕裂。

## 多彩的家族

世界上共有 23 种伯劳，广泛分布在非洲、欧洲、亚洲及美洲。根据它们的羽色，可以分为棕背伯劳、红脊伯劳、黑尾伯劳、白尾伯劳等。

棕背伯劳

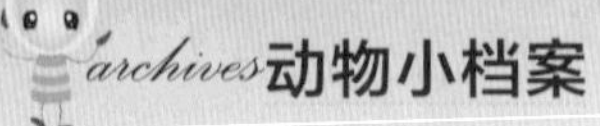

archives 动物小档案

类　属：鸟纲一伯劳目一伯劳科
身　长：16~22 厘米
食　物：昆虫、小鸟
分布地区：非洲南部、亚洲中部、欧洲及北美洲

## 出色的口技

伯劳会模仿很多声音，如其他小鸟的叫声、汽车喇叭声等。伯劳是个诡计多端的家伙，它常常依靠模仿其他鸟类的叫声，引诱猎物上钩并将其捕获。

▶ 伯劳鸣叫时，常昂头翘尾，动作比较夸张



## 凶残的小个子

从体型上看，伯劳算是较小的鸟类。但从性情上讲，它们又属于较为凶猛的种类。它们吃各种昆虫、小鸟以及松鼠等一些小型哺乳动物。

▶ 伯劳属于中小型雀类，尽管没有其他猛禽体型大，但它却十分凶猛，嘴形大而强，略似鹰嘴。因此也素有“小猛禽”之称

## 吃得好精细

伯劳有个奇特的习惯，它们在猎获小动物之后，会将猎物插在树枝的尖刺上，撕取其最柔软可口的部分，其余的就扔下不管了。所以在伯劳出没的地方，常会看到许多昆虫、蜥蜴和青蛙的干尸。

▶ 伯劳的嘴很尖利，上嘴前端具有刺钩，能啄死昆虫、蜥蜴、小鸟，并将捕获的猎物穿挂在荆刺上

## 轮流看护宝宝

雌伯劳产卵前会和雄伯劳一起用蒿草搭成它们的家。从产卵到小伯劳出世这段时间，捕食的工作完全由雄鸟来完成。小伯劳出世后，雌鸟会出去捕食，由雄鸟继续看护宝宝。这样一段时间后，雌、雄鸟再轮流进行捕食、看护工作。

▼ 金雕多栖息于高山草原和针叶林地区，平原少见。它生性凶猛，飞行速度极快，常在高空盘旋飞行

archives 动物小档案

类　属：鸟纲—隼形目—鹰科
身　长：76~102 厘米
体　重：2~6.5 千克
食　物：野兔、松鼠
分布地区：北半球、欧亚大陆、喜马拉雅山及中国大陆

# 金　雕

金雕的头部和颈部披着古铜色的羽毛，身体及翅膀的羽毛是深棕色的，巨大的翅膀使它可以有力地飞行，即使在暴风雨中也飞行自如。金雕抓起猎物来十分凶猛，号称“空中霸王”。

## 凶狠而狡猾

金雕有钩子一样的嘴和锋利的爪子，能像刀子一样刺进猎物的身体，很多动物都很怕它。它常常在高空悠闲地飞行，然后会突然以极快的速度向下俯冲，伸出利爪捕获猎物，这时候猎物一般都在劫难逃。

◀ 金雕的利爪

## 高空望远镜

金雕的视力极好，能从高空500米处发现地面上的猎物。它有一双比人类大得多的瞳孔，视网膜也比人类的视网膜厚2倍。有这么一副“高空望远镜”，觅食就变得很容易了。

▶ 金雕视力敏锐，距离数百米也能对猎物精确定位

▶ 金雕捕食的猎物有数十种之多，如雁鸭类、雉鸡类、松鼠、狍子、鹿、山羊、狐狸、旱獭、野兔等，有时也吃鼠类等小型兽类

## 狼的天敌

金雕可以在草原上长距离地追逐狼，等狼疲惫不堪时，金雕一爪抓住其脖颈，一爪抓住其眼睛，使狼丧失反抗的能力。

▶ 金雕肢解猎物

## 分批行动

金雕的运载能力较差，只能负载不到1千克的猎物。在捕到较大的猎物时，它就在地面上将其肢解，先吃掉好肉和心、肝、肺等内脏部分，然后再将剩下的分批带回“家”。

## 舒适的家

金雕喜欢把自己的“卧室”建在高树或悬崖峭壁上，巢由树枝堆积而成，里面铺垫着细小的树枝或松软的草，居住起来很舒适。同时，它们还会修建两三个新巢作为“储藏室”。在准备生儿育女时，它们还会选择其中的一个作为“育婴室”。

▶ 在大型猛禽的幼鸟中，同胞骨肉自相残害的现象并不罕见，金雕也不例外

# 军舰鸟

军舰鸟是一种生活于热带地区的海鸟，雄军舰鸟最突出的特征就是它气球一样的喉囊。军舰鸟擅长飞行，时而在轻风中翱翔，时而疾速俯冲，时而又轻盈地盘旋上升。它们还会利用海面上上升的热气流，在空中展翅滑行数小时。

▲ 军舰鸟全身羽毛呈黑色，泛着蓝色和绿色光泽，喉囊、脚趾为鲜红色

▲ 军舰鸟一旦发现海面有鱼，它就会从天而降，准确无误地用尖嘴将鱼捕获

## 海上强盗

军舰鸟有“海上强盗”的恶名。当其他海鸟为幼鸟捕食归来时，军舰鸟就从它们那里抢走食物。它甚至会精确地把握时机，在别的鸟类把食物喂给幼鸟的一刹那，俯冲下去抢走食物。

## 有利的武器

军舰鸟的喙长而带钩，这是它最有效的捕食工具。它不但会掳夺其他海鸟的战利品，还会拦截跃出水面的鱼类。

▼ 军舰鸟嘴长而尖，顶端弯成钩状

archives 动物小档案

类　属：鸟纲—鹈形目—军舰鸟科
身　长：约 95 厘米
体　重：约 2 千克
食　物：鱼、海龟
分布地区：全球的热带、亚热带海洋均有分布

▲ 雄军舰鸟繁殖期间，它的喉囊会变成鲜艳的绯红色，并且膨胀起来，非常醒目

▲ 一旦雌雄成双，军舰鸟便开始搭筑简陋的巢。雌雄鸟一同筑巢，雌鸟负责搜集细枝，雄鸟则把细枝铺成一个台。雄鸟不仅忙于寻找食物，还要替换“妻子”孵卵20天左右

## 炫耀美丽

每到繁殖季节，雄军舰鸟的喉囊会变成鲜艳的红色，并且膨胀起来，犹如一只喜庆的“红气球”。它在雌鸟头上飞来飞去，吸引雌鸟的注意。雌鸟会被雄鸟的热情折服，双双飞上枝头，开始新的生活。当雌鸟产下一枚蛋后，雄鸟的喉囊才慢慢瘪下去，颜色也变回暗红色。

## 爱干净的鸟

军舰鸟很讲卫生，每次吃完东西，都会降落在海面上清洗一下自己的身体。

▲ 军舰鸟有高超的飞行技能，但羽毛没有油，不能下水，只在水面沾一下

## 欺负“老实人”

军舰鸟经常利用自身的“威慑力量”来恐吓其他海鸟。最受军舰鸟欺负的要算鲣鸟了，军舰鸟常常用大嘴叼住鲣鸟的尾部，鲣鸟疼痛难忍，不得不张嘴吐出口中的鱼。这时，军舰鸟才会松开嘴，然后去“截击”鲣鸟吐出的食物。

◀ 在众多的海鸟中，最受军舰鸟欺负的要算鲣鸟了

# 孔 雀

孔雀是一种华丽吉祥的鸟，被人们赋予富贵和幸福的含义。孔雀生活在热带的落叶林中，主要以植物的种子、浆果和茎、叶为食，偶尔也吃昆虫和鼠类等小动物。雌雄孔雀之间最大的差别是，雄孔雀长有多彩的尾屏，雌孔雀没有。

▲ 孔雀舞

## 孔雀的品种

世界上共有3种孔雀：绿孔雀、蓝孔雀和刚果孔雀。蓝孔雀被人类饲养的时间最长，所以我们在动物园见到的大都是蓝孔雀。刚果孔雀极为罕见，生活在非洲较偏僻的密林中。

## 吉祥的象征

孔雀是美丽、善良、吉祥的象征，我国云南的傣族人非常崇拜和喜爱这种动物。它举止高雅，姿态优美，人们模仿其动作编成“孔雀舞”。

▲ 蓝孔雀

▲ 刚果孔雀

▼ 绿孔雀

## 美丽的绿孔雀

雄性绿孔雀全身呈翠绿色，并有紫铜色反光。头顶有一簇直立的冠羽，尾上复羽发达，长约1米，羽端部都有一个蓝色和翠绿色相嵌的眼状斑。当它展翅开屏时，极为华丽。

## 孔雀为什么会开屏

在求偶的时候，雄孔雀为了吸引雌孔雀，会将尾屏展开成一个对称的扇形，并震动翅膀，在雌孔雀面前表演。如果得到雌孔雀的喜爱，它们便会一起飞走，开始一段新的生活。

▲ 每到繁殖季节，雄孔雀就展开它那五彩缤纷、色泽艳丽的尾屏，还不停地做出各种各样优美的舞蹈动作，向雌孔雀炫耀自己的美丽，以此吸引雌孔雀

▲ 孔雀家庭

## 家庭新成员

雌孔雀每次可以产8~20枚卵，经过27~30天的孵化，小孔雀便出壳了。刚出生的小孔雀羽毛还没有父母那么漂亮，头呈绿色的就是雄孔雀，头呈灰白色的就是雌孔雀。

### archives 动物小档案

类　属：鸟纲—鸡形目—雉科
身　长：1.1~1.4米
体　重：3~8千克
食　物：树叶、果实、昆虫
分布地区：亚洲南部的热带森林以及非洲较偏僻的密林

# 红　鹤

红鹤又叫火烈鸟或火鹤。它的身体非常纤细，周身呈粉红色，整体形象高雅而端庄。红鹤生活在海边或广阔的浅湖边，通常由数万只组成一个大群体，集体观念非常强。



## 优雅的外形

红鹤的身体纤细，长着一双又细又长的腿，就像是天生的舞蹈演员。无论是亭亭玉立，还是徐徐踱步，总给人文静、轻盈的感觉。

◀ 红鹤在水中觅食时，用喙的前端吸入水和泥巴，然后从侧边排出

### archives 动物小档案

类　属：鸟纲—红鹳目—红鹳科
身　长：1~1.6 米
体　重：约 5 千克
食　物：虾、昆虫
分布地区：非洲、南美洲、欧洲西南部及亚洲的印度半岛

## 独特的喙

红鹤的喙弯曲向下，就像一把镰刀。喙边缘有许多硬毛和细毛，它进食时，喙微微张开，当水流经喙中的细毛时，食物就被滤下了。

## 会变色的羽毛

红鹤并非天生是粉红色的，它们出生的时候是灰色的。它们的食物中含有一种叫做类胡萝卜素的物质，可以使它们的身体呈粉红色，如果红鹤无法吃到含有类胡萝卜素的食物，体色就会消失。

## 讲究的巢

红鹤的住所比较讲究，它们总是挑选三面环水的半岛上筑巢而居。红鹤总是把巢排列得整整齐齐的，在巢与巢之间空出一段距离，中间挖许多小沟，以便与水面相通。

▶ 红鹤的巢上小下大，就像一座“碉堡”

▲ 起飞时，红鹤需要助跑几步才能飞行。飞行时，红鹤长长的脖子往前延伸，长长的双脚则拖在其后

## 不甘人后

一群红鹤中只要有一只飞上天空，就会引起连锁效应。不久，群鹤就会一只接一只地相继飞上天空，就像一片火红的海洋，场面非常壮观。

▶ 正在喂食的红鹤妈妈和小红鹤

## 幸福的小红鹤

红鹤群中，所有的母亲几乎同时生育。那时，所有的红鹤会共同保护小红鹤。小红鹤出壳后，红鹤妈妈从嘴里分泌出一种特殊液体来喂养它。这些液体很像哺乳动物的乳汁，但颜色却是灰红色的。小红鹤的羽毛一干就能马上下地行走，第二天即可下水嬉戏。

▲ 小红鹤出生时，羽毛是灰色的

动物百科

# 天鹅

古往今来，天鹅一直是纯真与善良的化身。天鹅栖息于多苇草的大型湖泊、池塘和沼泽地带。它们体态优雅，全身羽毛纯白，颈部修长而弯曲，无论是在水里游泳，还是在天空飞翔，都是非常美的风景。

## 胃口真好

天鹅以水生植物为食，也吃一些昆虫和软体动物。因为天鹅的颈很长，喙很坚硬，所以能将水草连根拔起并咽下。一只成年天鹅一天要吃下9千克的食物。

## 爽身油脂

天鹅的皮肤能分泌油脂，可以使它的羽毛在水面上保持干爽，所以天鹅在水里可以舒服自在地游泳。

▼ 天鹅很擅长游泳，不飞行时常停息在水面上

## 振翅高飞

天鹅是世界上飞得最高的鸟类之一，在迁徙途中需要飞越世界屋脊——珠穆朗玛峰，因此它飞行的高度超过9000米以上。它们在天空中时而翱翔盘旋，时而如离弦之箭，俯冲到水面。有时候一群大天鹅聚集在一起引吭高歌，声音洪亮，在湖面上久久回荡。

▲ 进食的天鹅

▲ 迁徙时，天鹅常以 6~20 只的小群一起飞行

archives动物小档案

类　属：鸟纲—雁形目—鸭科
身　长：约 1.5 米
体　重：约 10 千克
食　物：水草、昆虫、蜗牛
分布地区：欧亚大陆的寒带地区

## 忠贞的“爱情”

一对天鹅夫妇一生厮守，不会中途变换配偶。当一只天鹅不幸死去时，剩下的一只会伤心欲绝地徘徊在死去的伴侣周围，哀号不已，久久不舍离开。从此，终生单独生活。

▶ 天鹅美丽优雅，但它们可是最护短的父母，为了保护自己的孩子，可以与敌人奋战到底

▼ 天鹅保持着动物界稀有的“终生伴侣制”，常常比翼双飞，过着神仙眷侣般的日子

## 周到的双亲

在夏季，天鹅会脱掉一部分羽毛换上轻巧的夏装。这期间天鹅是不能飞的。天鹅夫妇不会同时换羽，这保证了它们的孩子能得到不间断的照料。

### 黑天鹅

黑天鹅是天鹅家族中的重要一员。它们全身上下的羽毛只有很小一部分是白色，其余都是黑色或灰色的。它们总是成对或成群活动，游牧性比较强，虽然也迁徙，但迁徙模式不固定，主要取决于气候。

# 丹顶鹤

丹顶鹤是一种大型鸟类，它们体态优美、举止文雅，总是栖息在远离人群的沼泽湖畔附近。和其他鸟类相比，丹顶鹤在人们眼里还多了几分文化底蕴，是高雅的象征。

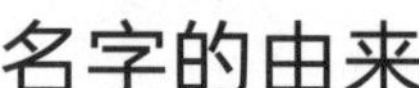

## 名字的由来

丹顶鹤具备鹤类的典型特征，即嘴长、颈长、腿长，这样的身材很适合在浅水中活动与觅食。丹顶鹤全身洁白，只有颈部和飞羽后端是黑色的，而它的头顶裸露，露出像宝石一样的丹红色皮肤，这也是它们名字的由来。

▲ 丹顶鹤头顶有一块鲜红色的斑记

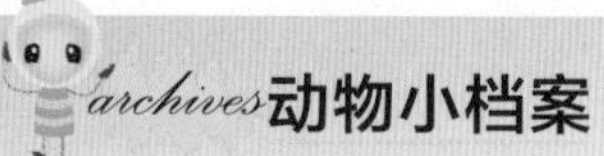

archives动物小档案

类　属：鸟纲—鹤形目—鹤科
身　长：约 1.6 米
体　重：约 10.5 千克
食　物：鱼虾、软体动物和植物根茎
分布地区：亚洲大部分地区

## 丹顶鹤的歌声

丹顶鹤的脖子十分修长，而气管更加长，还盘曲于胸骨间，就像西洋乐中的铜管乐器一样，在发声时能引起强烈的共鸣。因此，丹顶鹤的歌声特别洪亮悠远。

▲ 迁徙季节，丹顶鹤常由数个或数十个家族群结成较大的群体



## 飞行队形

每年 10 月初左右，丹顶鹤就会离开繁殖地向南迁徙，而第二年 2 月末左右则离开越冬地迁往繁殖地。在成群飞行时，它们常排成“V”字形，且“V”字形的角度大约 110 度。

## 温馨的一家

丹顶鹤严格实行“一夫一妻制”。丹顶鹤夫妻刚一成婚，就立即开始筑巢，共同给“儿女”建造安乐窝。然后，雌丹顶鹤产卵孵化幼鸟，雄丹顶鹤则在一旁警卫。小丹顶鹤出世后，父母又交替寻找食物，精心喂养心爱的孩子。

▲ 丹顶鹤家庭

◀ 丹顶鹤严格实行“一夫一妻制”

◀ 在繁殖季节，丹顶鹤经常通过舞蹈来获得异性的芳心。它们一会儿伸腰抬头、弯腰、跳跃、跳踢，一会儿展翅行走、屈背、鞠躬、衔物，还时常变换舞蹈姿势、动作幅度和节奏

### 长寿的象征

鸟类的寿命相对较短，而丹顶鹤的寿命可达 50~60 年，在鸟类中算是较为长寿的。因此，东亚地区的居民经常用丹顶鹤作为幸福、吉祥、忠贞的象征。人们还把丹顶鹤同松树一起绘在纸上，作为长寿的象征。

▶《松鹤延年》

# 白头海雕

白头海雕是美国的国鸟，它的形象出现在美国的国徽上。白头海雕生活在美洲的西北海岸线，它们非常凶猛，经常在半空中向一些较小的鸟发起攻击，夺取它们的食物。

▼ 白头海雕的样子非常英武，锐利的目光让人望而生畏

archives 动物小档案

类　属：鸟纲—隼形目—鹰科
身　长：71~96 厘米
体　重：3~6 千克
食　物：昆虫、鸟、蛇
分布地区：北美洲西北海岸及内陆湖泊

## 高处瞭望

白头海雕常常把高高的悬崖顶和大树顶端作为寻找猎物的瞭望塔。瞭望塔使白头海雕的视野极为开阔，如同一个望远镜，很利于它们捕获猎物。

▶ 站在高处瞭望的白头海雕

▼ 白头海雕幼鸟

## “兄弟”相残

雌性白头海雕一次通常会产下 2 枚卵，并孵化约 35 天。有时 2 只小雕都能够存活，但大多数情况下，体型较大的幼鸟会将较弱的幼鸟杀掉。

◀ 白头海雕身长可达 1 米，全身除头部、颈部和尾部的羽毛为白色，其他地方均为暗褐色。它有一副轻薄而中空的骨架，非常利于飞行

白头海雕的利爪和钩嘴是它们最厉害的武器

### 候选波折

富兰克林等人曾希望将火鸡的形象印在美国的国徽上，原因是他们认为白头海雕偷食其他鸟类的食物，是“一种道德败坏的鸟”。但最终白头海雕还是当选为美国国鸟。

## 掠食专家

白头海雕以捕食鱼类和其他一些小动物为生，它还常会倚仗武力夺他人口中之食。有时，白头海雕逼迫鹗等弱小的捕鱼鸟吐出猎物，或者在半空中胁迫一些较小的鸟放弃已经到手的猎物。

▶ 白头海雕贴近海面飞行，捕捉鱼类

▶ 白头海雕通常成对生活在一起

## 双双起舞

每年春天，成双成对的白头海雕在空中跳着“8”字舞，有时它们互相抓住彼此的脚，或者在空中像车轮一样滚落下来，这并不是在打架，而是在向对方表示好感。

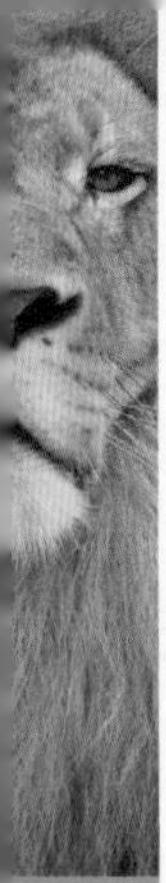

# 杜 鹃

杜鹃又叫布谷鸟，大多生活在山区或荆棘丛生的矮树林里。它羽色灰黑，宽阔的尾羽上有白色斑点，显得玲珑而乖巧。杜鹃称得上是“除虫专家”，在消灭虫害方面，很少有鸟类能比得上它。

**动物小档案**

类　属：鸟纲—鹃形目—杜鹃科
身　长：约16厘米
食　物：昆虫
分布地区：全球的温带和热带地区

## 春天的使者

每年春天，杜鹃就会飞来飞去地大叫“布谷、布谷”，仿佛是在提醒农民及时播种一样，因此农民亲切地称它为“布谷鸟”。

▶ 杜鹃以昆虫为食，是著名的森林益鸟

## 不负责任的“妈妈”

杜鹃懒于造巢，更懒得哺育自己的孩子。在其他鸟类筑巢产卵时，雌杜鹃就会寻找一个合适的机会偷偷潜入那些鸟的巢中，把自己的卵产在里面，由别的鸟类将自己的“孩子”孵化出来。

▲ 春末夏初，常常可以听到“布谷、布谷”的叫声，实际就是杜鹃发出的

▼ 杜鹃最为人熟知的特性是孵卵寄生性，它产卵于其他鸟类的巢中，靠其他鸟类孵化和育雏

▲ 杜鹃产卵

## 产卵匆匆

因为怕在别的鸟巢中产卵时被发现，所以杜鹃产卵的速度很快，只需几秒钟，而别的鸟大都需要 1~3 分钟。

## 争宠的小坏蛋

刚孵出来的杜鹃幼鸟遗传了母亲的“恶习”，尽管它们眼睛都睁不开，却已经会用背部将巢中其他的蛋推出去。这种行为看上去很卑劣，但却非常奏效，它能保证小杜鹃获得雌鸟全部的照料。

▲ 杜鹃幼鸟一孵化出来，就竭力清除“障碍”，将别的鸟蛋推出巢穴

## 并非每次都能得逞

杜鹃“自私”的做法并不是每次都能得逞。那些长期和杜鹃住在同一地域的鸟类，多次“上当”以后，对杜鹃有很强的警戒心，时刻警惕着杜鹃的到来。因此，有时杜鹃稍不小心，就无法在别的鸟巢中产卵了，而且还会遭到鸟巢中“留守者”的攻击。

▼ 雀鸟攻击杜鹃

# 鸽　子

鸽子是我们身边很常见的一种鸟类，它们在白天活动、觅食，晚间归巢栖息。鸽子反应很敏捷，经过训练的信鸽可以准确无误地帮助人们传达信息。很长一段时间，鸽子一直是人们的“通信兵”。

## “通信兵”

鸽子有惊人的导航能力。1978 年，美国科学家发现鸽子的头部有一块含有丰富磁性物质的组织，凭借这块组织，鸽子不仅能靠太阳指路，还能根据地球磁场确定飞行方向。据记载，1935 年，有一只鸽子整整飞了 8 天，绕过半个地球，从越南西贡风尘仆仆地飞回法国，全程达 11265 千米。

## 反应敏捷

鸽子反应机敏，易受惊扰。在日常生活中，鸽子的警觉性很高，对周围的刺激十分敏感，闪光、噪音、移动的物体、异常颜色等都会引起鸽群的骚动。

▼ 人们利用鸽子较强的飞行能力和归巢能力等特性，培养出不同品种的信鸽

▼ 鸽子的活动特点是白天活动，晚间归巢栖息。鸽子在白天活动十分活跃，频繁采食饮水

archives动物小档案

类　属：鸟纲—鸽形目—鸠鸽科
身　长：30~36 厘米
食　物：树叶、果实、粮食
分布地区：除南极以外，世界各地都有分布

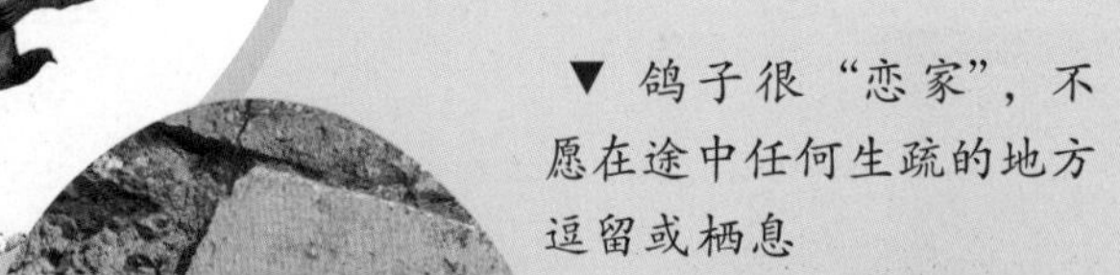

▼ 鸽子很“恋家”，不愿在途中任何生疏的地方逗留或栖息

## “恋家”情怀

鸽子具有强烈的归巢性，任何生疏的地方，对鸽子来说都是不理想的地方，它们不安心逗留，时刻都想返回自己的“故乡”。

▶ 鸽子作为和平的使者，也是世界重大盛世中必不可少的角色之一

## 和平使者

1950 年 11 月，为纪念社会主义国家在华沙召开的世界和平大会，画家毕加索画了一只昂首展翅的鸽子。智利著名诗人聂鲁达把它称为“和平鸽”。从此，鸽子这个“和平使者”的身份就被各国公认了。

# 鱼 类

地球表面上70%的地方都是水，所以鱼类有比其他动物大得多的生存空间。从浩瀚的大海到涓涓的溪流，只要有水的地方就有鱼类的存在。在所有动物当中，只有鱼类是用鳃来呼吸的，这是它区别于其他动物的明显特征。

# 鲶　鱼

鲶鱼品种繁多，遍布于世界各地的池塘或河川中。它们有扁平的头和阔大的口，以及数条长长的触须，触须是鲶鱼觅食和探路的有利武器。鲶鱼喜欢潜游于水底，晚上比白天更为活跃。

## 鲶鱼家族

鲶鱼的种类约有 2000 种。有一种生活在多瑙河流域的大型鲶鱼非常凶猛，会袭击小型的水鸟或老鼠；生活于非洲刚果河流域的倒吊鲶会以肚子朝上，甚至以倒翻 180 度的仰泳姿势游泳。

archives 动物小档案

类　属：硬骨鱼纲一鲶形目一鲶科
身　长：40~80 厘米
体　重：2~4 千克
食　物：鱼、青蛙
分布地区：世界各地

◀ 鲶鱼是肉食性鱼类，捕食对象多为小型鱼类，也吃虾类和水生昆虫

## 光滑的身体

大多鲶鱼都没有鱼鳞，它们的表皮赤裸，或者覆盖着骨质的盾片，体表还有一层滑溜溜的黏液。许多鲶鱼背上有脊骨和胸鳍，脊骨上可能有毒腺，被刺中时会感到疼痛。

◀ 大多鲶鱼身上没有鳞，非常光滑

## 慈爱的“父亲”

雄性海鲶鱼会把弹球般大小的卵，还有刚孵出来的小鱼含在口中，宝贝至极。为了孵育下一代，它甚至连进食都舍弃了。这样小心翼翼地保护自己的孩子，不愧为一位慈爱的“父亲”。

▶ 雄鲶鱼小心地保护自己的孩子

## 地震预报员

鲶鱼对声音非常敏感，在地震前会骚动不安，所以一些人根据鲶鱼的活动来预报地震。

▶ 鲶鱼眼小，视力弱，但是对声音敏感，嗅觉和两对触须也很灵敏

## 可怕的杀手

日本中南部浅海区生活着一种鳗鲶，它们通常成群活动。鳗鲶的背鳍和胸鳍中都藏有毒刺，一旦水里游过来这样一群可怕的杀手，别的鱼可就遭殃了。

▶ 鳗鲶常群体生活，遇有外敌，常聚成球状，称之“鲶球”

# 电 鳗

电鳗的身体细长，呈圆柱形，皮肤是灰褐色的，没有鳞片。电鳗在水里游动时，就像一条蛇，它不时地浮出水面，吸入空气，进行呼吸。电鳗被称为“水中发电机”，它可以产生电流麻痹猎物，然后将猎物成功捕获。

▼ 电鳗体型粗圆而长，没有背鳍和腹鳍，臀鳍特别长，是主要的游泳器官

## 蛇行泳姿

电鳗的背鳍、尾鳍已经退化，它是依靠尾部下缘的臀鳍的摆动在水中游动的，看上去就像一条蛇在爬行。

archives 动物小档案

类　属：硬骨鱼纲—电鳗目—电鳗科
身　长：约3米
体　重：约20千克
食　物：小鱼、鳞虾
分布地区：南美洲亚马孙河流域

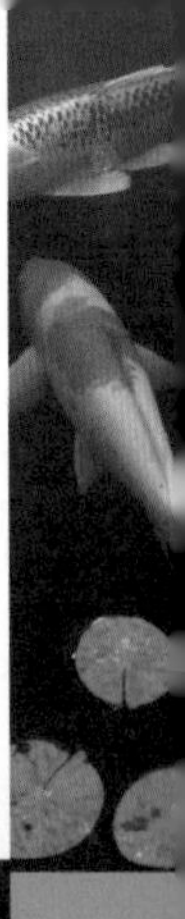

## 电鳗的发电器

电鳗的发电器是由许多电板组成的，位于身体两侧的肌肉内，身体的尾端为正极，头部为负极，电流是从尾部流向头部的。当电鳗的头和尾接触到其他动物，或受到刺激时即可产生强大的电流。

▼ 电鳗的电流主要用以麻痹鱼类等猎物

◀ 电鳗能产生足以将人击昏的电流，是放电能力最强的淡水鱼类

## 强大的电流

电鳗是放电能力最强的淡水鱼类，输出的电压可达 300~800 伏特，因此电鳗有“水中的高压线”之称。

## 连续放电要休息

电鳗连续不断地放电后，需要经过一段时间休息，补充丰富的食物，才能恢复原有的放电功能。南美洲原住民根据电鳗的这一特点，先将一群牛马赶下河去，使电鳗被激怒而不断放电，等电鳗放完电精疲力尽时，就可以直接捕捉了。

▼ 电鳗连续放电后电流逐渐减弱，10~15 秒钟后完全消失，休息一会儿后又能重新恢复放电能力

# 刺 鲀

刺鲀之所以得到这样的名称，是因为它身上披满了尖锐的硬刺，这些硬刺是由鳞片演变成的。这身带刺的盔甲虽然起到了保护作用，但是也限制了刺鲀的活动，除了嘴巴、眼睛和几个小小的鳍可以活动外，它们全身都是僵硬的。

◀ 平时，刺鲀身上的硬刺平贴在它的身上，看起来与别的鱼没有太大的区别

## 刺鲀的刺

在休息状态下，刺鲀的硬刺会平贴着身体。一旦遇到凶猛的敌人，它便吸入大量的海水，使身体膨胀，利刺也会竖起来，这时候的刺鲀活像一只落入水中的刺猬。

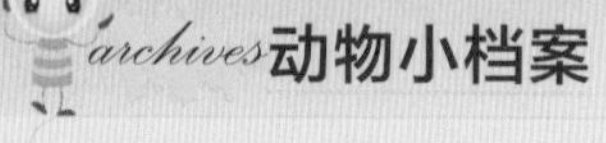

archives动物小档案

类　属：硬骨鱼纲—鲀形目—刺鲀科
身　长：最大约 90 厘米
食　物：虾、蟹
分布地区：全球热带海域

◀ 刺鲀在正常情况下，身体不那么胖

## 可以伸缩的腰围

正常状态下的刺鲀并不是个“小胖子”，但是当它吸满水后，它的“腰围”是正常“腰围”的 2~3 倍。

## 双眼各司其职

刺鲀的眼睛可以像蜥蜴一样单独转动。它可以用一只眼睛观察周围的环境，同时用另一只眼睛盯着它的猎物。

▶ 刺鲀的眼睛比较大，位于侧面而且突出

## 生活环境

刺鲀是河鲀的同类，它们广泛分布于世界热带海域，在水底的海藻和珊瑚礁附近生活。刺鲀是肉食性动物，游泳本领不太强，一般喜欢吃坚硬的贝类。

▶ 刺鲀生活在热带海藻和珊瑚礁附近

▲ 刺鲀遇到敌人时，靠吸进空气或水，使腹部膨胀起来，吓退敌人

▼ “长途旅行”中休息的一群小刺鲀

## 夏季产卵，冬季孵化

刺鲀生活于暖海中，每年夏季，它们会到沿岸附近产卵。卵的直径约为1毫米，冬季孵化出的小鱼会顺着水流做“长途旅行”，回到暖海中。

# 箱　鲀

箱鲀也叫盒子鱼，是一种硬骨鱼，生活在浅海岩礁区域，喜欢用突出的嘴捕食附在岩石上的甲壳类、贝类、海藻、海草和珊瑚虫等。箱鲀天性孤僻，喜欢独自生活，只有在繁殖季节才会聚集起来，寻找伴侣，生育后代。

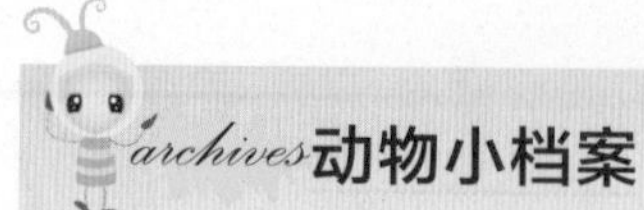


类　属：硬骨鱼纲—鲀形目—箱鲀科
身　长：最大约 50 厘米
食　物：甲壳类、贝类
分布地区：全球热带海域

## 身体外形

箱鲀的头部几乎占据了体长的一半，外表看上去就像一只奇异的小箱子。它只有鳍、口和眼睛可以动，其他地方都为硬鳞所披覆，因此只能依靠鳍缓慢地上下、前后、左右摆动来游泳，看起来就像是直升机在水里游动。

▶ 箱鲀身上没有棘刺，身体也不能胀大或弯曲

## 生活习性

箱鲀的游泳能力很弱，活动范围很有限，因此很喜欢在栖息地附近的珊瑚礁或岩石缝隙中钻进钻出，既方便觅食，又能及时躲避危险。在遇到危险时，箱鲀还会分泌一种剧毒物质，狠狠地教训敌人。

▼ 箱鲀一般生活在沿岸浅海岩礁区域，不喜欢结群，常单独活动

▼ 箱鲀体内含有毒性为氰化物 275 倍的箱鲀毒素

## 水中倒立

箱鲀有一项“绝活儿”，就是在水中倒立。由于它的头部非常大，身体的重心明显往前移，再加上它的鱼鳔长在身体后半部，因此箱鲀常常呈头朝下尾朝上的倒立姿势。

▲ 因为箱鲀身体有棱角，所以它的游泳姿态十分有趣

### 用口协助呼吸

箱鲀的鳃不像其他鱼类那样能自由活动，因此呼吸时必须张开嘴，让水从嘴流入鳃部，然后吸收里面的氧气。这种呼吸方式效率很低，因此它必须保持每分钟 180 多次的呼吸频率。

## 盔甲似的外壳

长期以来，箱鲀的鳞片紧密地排在一起，形成了一个盔甲似的外壳。不过，幼小的箱鲀色泽鲜艳，身体的棱角并不太明显。随着时间的增长，小箱鲀的身体色彩变得柔和了，棱角也更鲜明了。

▼ 箱鲀的身体大部分包在一个坚硬的箱状保护壳内

▼ 成熟的箱鲀背部布满了蓝色斑点或条纹

# 锦　鲤

锦鲤是红色鲤鱼的变种，红鲤传入日本后，经过改良，产生了色彩鲜艳的锦鲤。至今，全世界已有 100 多个品种的各色锦鲤。锦鲤不仅外观漂亮，而且存活率很高，在公园和庭院中被广泛养殖。

## 历史悠久

我国在明代就把红鲤作为观赏鱼饲养。红鲤传入日本后，日本人在饲养过程中，发现这种鲤鱼会发生色变，根据红鲤容易变异的特点，经过选种、改良，培育出许多新品种，初称“花鲤”，后改称“锦鲤”。

▶ 我国人民把锦鲤看成吉祥、幸福的象征

▲ 园林中的锦鲤

## 贵族鱼

锦鲤培育成功后，因为它的稀有珍贵，日本贵族将它放在庭院中精心饲养，一度成为皇宫贵族的观赏品，因此锦鲤又被称为“贵族鱼”。

## 红白锦鲤鱼

红白锦鲤鱼的底色为白色，鱼体上映衬着红色斑纹。其中，红色斑纹在眼部之上的红白锦鲤，以及嘴部没有红色只有白色的红白锦鲤是比较珍贵的品种。

◀ 红白锦鲤的身体是纯白色和红色相间

▲ 锦鲤是风靡当今世界的一种高档观赏鱼，有"水中活宝石"、"会游泳的艺术品"的美称

**archives 动物小档案**

类　属：硬骨鱼纲—鲤形目—鲤科
身　长：50~60 厘米
体　重：2~3 千克
食　物：河虾、小鱼
分布地区：主要分布在中国、日本

▲ 龙凤锦鲤属于温带淡水鱼，它对环境的适应能力强，适温范围 8℃~30℃。

## 龙凤锦鲤鱼

龙凤锦鲤鱼又叫作凤尾锦鲤，是不可多得的上品观赏鱼。它有着独特的外形——头形似龙头，长有 4 条威武的长须，尾鳍就像凤凰的尾巴。在水里游动时如蛟龙腾空，摆动尾巴时极像凤凰飞天。因此，人们把它看作是吉祥富贵的象征。

# 孔雀鱼

孔雀鱼又称为彩虹鱼、百万鱼，是一种非常容易饲养的热带淡水鱼。孔雀鱼有着丰富的色彩、优美的姿态和旺盛的繁殖力，而且性情温和，因此备受热带淡水鱼饲养者的青睐。

▶ 孔雀鱼小巧玲珑，有着修长的身体

## 多姿多彩的孔雀鱼

孔雀鱼体型修长，体色有淡红色、淡绿色、淡黄色、紫色、孔雀蓝等。孔雀鱼的尾鳍极为美丽，有圆尾、三角尾、火炬尾、燕尾、裙尾等，游动时就像一把小扇子在扇动，是水中美丽的点缀。

◀ 孔雀鱼的尾鳍和体腹上长满了蓝红色圆斑，很像孔雀尾翎花色

### 孔雀鱼的视力

孔雀鱼还有一个神秘之处，就是在第一次月满的时候，孔雀鱼对黄色比较敏感，在第二次月满的时候，孔雀鱼对紫色敏感。它的视力会在两次月满时发生变化。

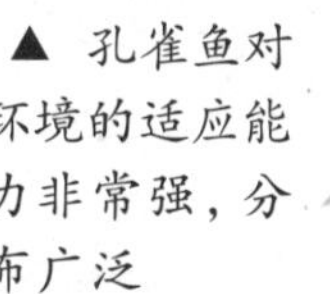

**动物小档案**

类　属：硬骨鱼纲—鳉形目—花鳉科
身　长：4~6 厘米
食　物：水蚯蚓、人工合成饵料
分布地区：委内瑞拉、圭亚那、西印度群岛等地的江河流域

▲ 孔雀鱼对环境的适应能力非常强，分布广泛

## 遍布世界各地

孔雀鱼的原产地是在委内瑞拉、圭亚那、南美洲的北部海岸地带和加勒比海上的岛屿。因为它适应环境的能力特别强，如今，世界各地都有人在饲养孔雀鱼。

## 家族人丁兴旺

孔雀鱼的繁殖能力很强，每月能繁殖 1 次。根据鱼体大小不同，小的孔雀鱼每次可以产 10 余尾仔鱼，大的孔雀鱼每次可以产 70~80 尾仔鱼，一年就可以产下上千尾仔鱼，因此有“百万鱼”的称号。

▲ 别看孔雀鱼的身体小，一次可以产下 70~80 尾仔鱼呢

## “男女”有别

雌、雄孔雀鱼差别明显，雄鱼的大小只有雌鱼的一半左右，雄鱼体色丰富多彩，尾部形状千姿百态。和雄鱼相比，雌鱼的体态稍微逊色一些。

▲ 和雄孔雀鱼相比，雌鱼体色也显得单调

# 弹涂鱼

弹涂鱼又叫作跳跳鱼，长得像小泥鳅。它们栖息于沿海或河口附近，常出水跳跃在泥涂上觅食，因而得名“弹涂鱼”。由于长期在陆地上生活，弹涂鱼的腹鳍演化成了吸盘，可以让它们牢固地待在一个地方。

## 奇特的弹涂鱼

弹涂鱼是一种非常奇特的鱼类，它可以同时适应水中和陆地上的生活。弹涂鱼没有肺，它们用喉部内那些发达的毛细血管呼吸。

## 宽大的鳃

弹涂鱼的鳃很宽大，可以蓄满水，这样它就可以毫无顾忌地在陆地上长时间地生活。

▼ 弹涂鱼还可以凭借皮肤和口腔黏膜呼吸

▲ 弹涂鱼栖息于沿海、河口等沙泥丰富且水流较平缓的区域，它可以同时适应水中和陆地上的生活

**archives 动物小档案**

类 属：硬骨鱼纲—鲈形目—弹涂鱼科
身 长：12~45 厘米
食 物：虾、沙蚕
分布地区：亚洲及非洲

## 擅长跳跃和滑翔

尽管弹涂鱼的身长不过 10 厘米，但它们在陆地上捕食时，猛力一跃，可以跳出 30 厘米远。当弹涂鱼跳跃起来时，全身的鳍都会像翅膀一样张开。这样，它还可以再滑翔一段距离。所以说，弹涂鱼是鱼类中跳跃和滑翔的高手。

▶ 弹涂鱼常依靠发达的胸肌柄匍匐或跳跃于滩涂上，退潮时在滩涂上觅食

## 背鳍的功能

弹涂鱼的背鳍有点像雄狮的鬃毛，既可以用来威胁敌人，表示愤怒，还可以在向雌鱼求爱时用以炫耀。

▶ 弹涂鱼的头上有两颗灵活的眼睛，因此它们的视觉特别好

▲ 雄弹涂鱼向雌弹涂鱼表演舞蹈来表达自己的爱情

## 巧妙的保湿

弹涂鱼的大眼睛可以灵活转动，能同时观测到来自天空和水中的危险。但它的双眼必须始终保持湿润，最好的办法是常将眼球拉回眼窝里，因为它们的眼窝中藏有水袋，经过“浸润”的眼球会变得更明亮。

# 金　鱼

金鱼的故乡是浙江的杭州和嘉兴，我国早在宋朝时就开始人工饲养金鱼了。金鱼的色彩绚丽，身姿优美，可以说是一种天然的艺术品，深受人们所喜爱。养殖金鱼可以美化环境，还可以陶冶人们的性情。

▶ 金鱼起源于中国，它形态优美，能美化环境，很受人们的喜爱，只要有水的地方，几乎随处可见它们的身影

▲ 金鱼也称“金鲫鱼”，近似鲤鱼，但没有口须，是由鲫鱼演化而成的观赏鱼类

## 金鱼的食物

动物性饲料是金鱼最喜爱吃的食物，比如鱼虫、草履虫、水蚯蚓等。食用动物性饲料的金鱼发育快、颜色鲜艳、发病率也较低。

▼ 进食的金鱼

## 金鱼的起源

科学家已经证实，金鱼起源于我国普通食用的野生鲫鱼。它先是由银灰色的野生鲫鱼变为红黄色的金鲫鱼，然后再经过不同时期的家养，变成了不同品种的金鱼。

archives 动物小档案

类　属：硬骨鱼纲—鲤形目—鲤科
身　长：5~20 厘米
食　物：鱼虫、草履虫
分布地区：主要分布在中国、日本

## 雌雄金鱼各不同

雄性金鱼一般体型略长，雌性金鱼身体较短且圆；它们在体色上也略有差异，雄鱼一般颜色鲜艳，而雌鱼颜色略淡一些，在繁殖发育期，雄鱼体色更为鲜艳。此外，雌鱼最显著的特征就是在怀卵期腹部膨大。

▼ 雌雄两条金鱼

## 品种繁多

经过几个世纪的选种和改良，如今已经产生了 125 个以上的金鱼品种。最常见的品种有三叶拂尾的纱翅、戴绒帽的狮子头以及眼睛突出且向上的望天。

◀ 金鱼的外部形态主要是体色变异、头形的变异和眼睛的变异

◀ 金鱼的颜色主要是由真皮层中许多有色素皮肤细胞产生

## 色彩各异的金鱼

金鱼有红、橙、紫、蓝、墨、银白、五花等丰富的色彩。其中，金鲫全身为橙红色；墨龙睛通身乌黑，有“黑牡丹”之称；紫龙睛全身泛着紫铜色的光芒；五花珍珠的体表颜色由红、白、黄、蓝、黑等不规则的斑纹所组成。

▲ 食人鱼张开大嘴，露出尖利的牙齿，非常可怕

# 食人鱼

食人鱼是亚马孙河流域最有代表性的鱼类，以其凶悍、残忍而闻名。食人鱼有着锐利的牙齿和强壮的下腭，喜欢群体攻击大型动物，几分钟就能将动物的肉吞噬殆尽，只留一具白骨。

## 如此凶残

美国的探险家曾做过这样的实验：把一头山羊用绳子绑住推入水中。不到几秒钟，湖水便猛烈地翻腾起来。5 分钟后，探险家把绳子拉出来，只剩下了一具山羊的骨骼，骨骼上的肉已被啃得干干净净了。

▶ 食人鱼以凶猛闻名，俗称“水中狼族”。以鱼类和落水动物为食，也有攻击人的记录

▼ 食人鱼有胆量袭击比它自身大几倍甚至几十倍的动物

## 鳄鱼的对手

食人鱼上下腭的咬合力大得惊人，可以咬穿牛皮甚至木板。平时在水中称王称霸的鳄鱼，一旦遇到了食人鱼，会立即翻转身体面朝天，把坚硬的背部朝下，让食人鱼无法咬到它的腹部，借此逃脱。

archives 动物小档案

类　属：硬骨鱼纲—脂鲤目—脂鲤科
身　长：10~30 厘米
食　物：鱼、水鸟
分布地区：安第斯山脉以东、南美洲的中南部

## 围剿战术

食人鱼猎食时，先咬住猎物的致命部位，如眼睛或尾巴，使其失去逃生的能力，然后成群结队地轮番发起攻击，一个接一个地冲上前去猛咬一口，迅速将目标化整为零，其速度之快令人瞠目结舌。

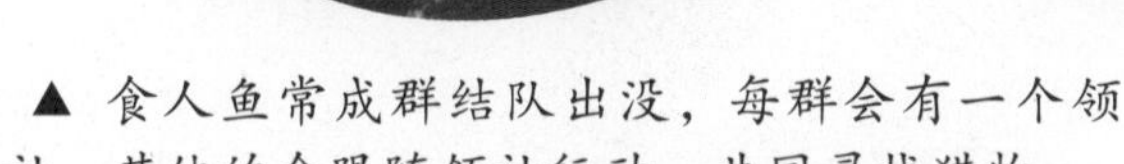

▲ 食人鱼常成群结队出没，每群会有一个领袖，其他的会跟随领袖行动，共同寻找猎物

## 并非天下无敌

虽然食人鱼如此凶残，但是其他鱼类也有自己的“尖端武器”。例如，一条电鳗所放出的高压电就能把 30 多条食人鱼送上“电椅”处以死刑；刺鲶则善于利用它的锐利棘刺，一旦食人鱼要对它下口，刺鲶马上脊刺怒张，使食人鱼无可奈何。

▼ 电鳗是食人鱼的“敌人”

## 凶残的背后

食人鱼只有成群结队时才凶狠无比。如果对养在鱼缸里的一条食人鱼做出吓唬它的手势，它会吓得躲在角落里。

► 家养的少量食人鱼的胆子很小

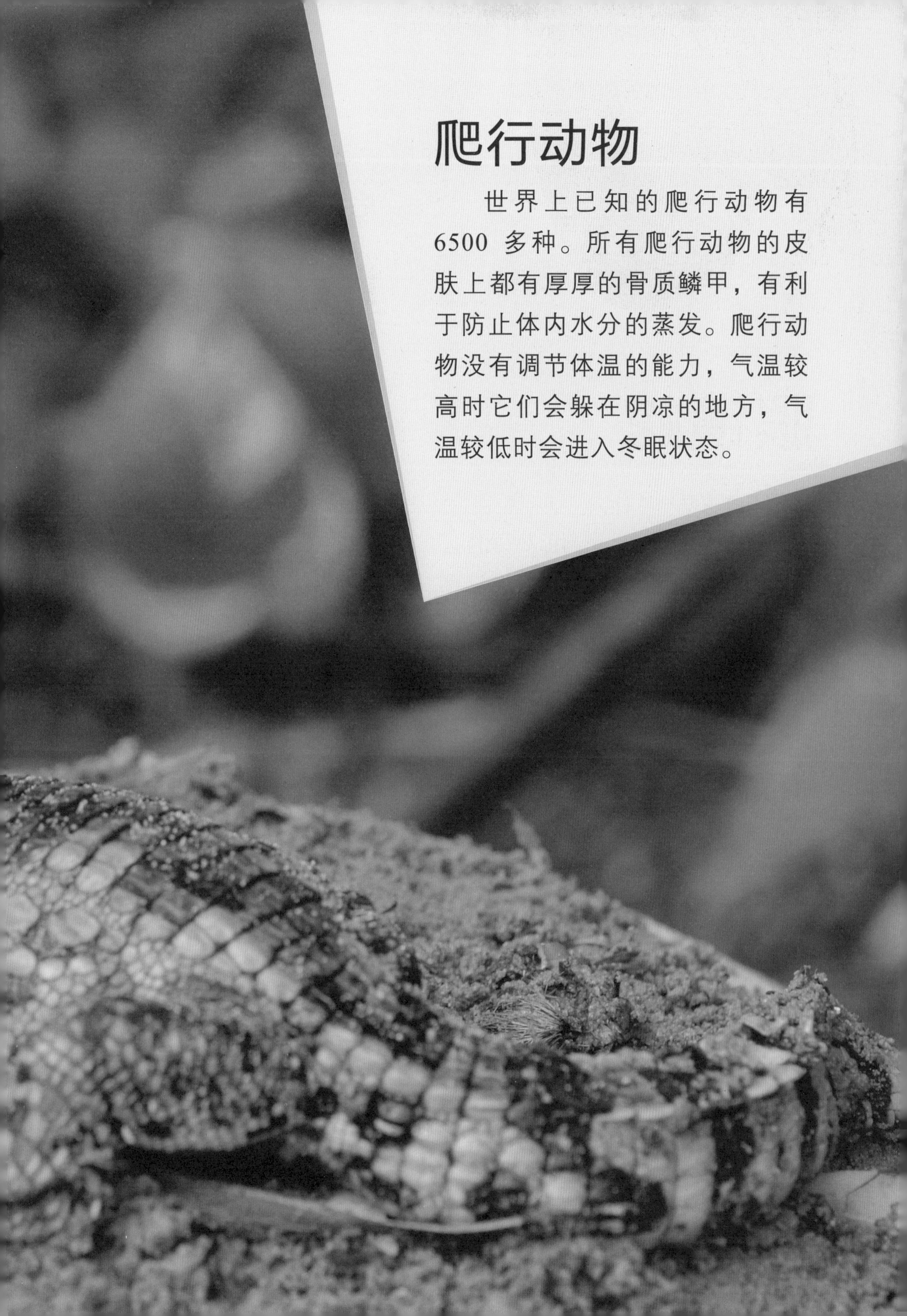

# 爬行动物

世界上已知的爬行动物有6500多种。所有爬行动物的皮肤上都有厚厚的骨质鳞甲，有利于防止体内水分的蒸发。爬行动物没有调节体温的能力，气温较高时它们会躲在阴凉的地方，气温较低时会进入冬眠状态。

◀ 眼镜蛇上颌骨较短，前端有沟牙，沟牙之后往往有一至数枚细牙，系前沟牙类毒蛇，毒液以神经性毒素为主

# 眼镜蛇

眼镜蛇是一种让人“听而生畏”的毒蛇。一提起它，人们就会想到那高昂的脑袋、尖利的毒牙，还有“嗞嗞”作响的火焰般的芯子。眼镜蛇的毒液可以喷射到 4 米之远，这种毒可以使对手麻痹致死。

**archives 动物小档案**

类　属：爬行纲—蛇目—眼镜蛇科
身　长：120~400 厘米
体　重：2~8 千克
食　物：蛙、壁虎、鸟类
分布地区：亚洲南部、非洲、大洋洲北部等热带地区

▲ 眼镜蛇有着致命的毒液

## 厉害的毒液

眼镜蛇的毒是神经性毒素，能够使对手麻痹致死。当发起攻击时，眼镜蛇用毒牙刺破猎物的皮肤，把毒液注射进去。随着毒液的注入，猎物的神经系统会逐渐瘫痪，从而不能动弹，呼吸困难，直到心脏停止跳动。有些眼镜蛇不直接攻击猎物，而是会瞄准对方的脸部来喷射毒液。

## 长了“后眼”

印度眼镜蛇的脖颈背面有眼睛形状的斑纹，可以吓唬来自后方的敌人。这种眼镜蛇生性凶猛，被激怒时，会昂起身体，并膨大颈部，此时背部的眼镜圈纹更加明显，令敌人望而生畏。

▶ 印度眼镜蛇身体竖起时，颈部两侧膨胀

## 诡计多端

眼镜蛇在捕猎时诡计多端。它们常躲在草丛里，只露出尾巴轻轻摇晃，让老鼠或小鸟以为是蚯蚓而靠近过来。这时，眼镜蛇便扑过来吞掉它们。

## 饿了才吃

眼镜蛇只有在饥饿时才会捕食，捕食的频率取决于它们上一次吃饭的多少。一般 2 周左右捕食一次，年轻的眼镜蛇捕食频率要高一些，一般 1 周一次。

◀ 眼镜蛇捕猎（上），眼镜蛇进食（下）

# 变色龙



变色龙长相非常有趣，扁平的身体上覆盖着一层装饰鳞片，尾巴能像发条般卷曲或缠绕于树上。最引人注目的就是它的变色特性，它能模仿周围的环境不断变换自己的体色，以此巧妙地伪装自己。

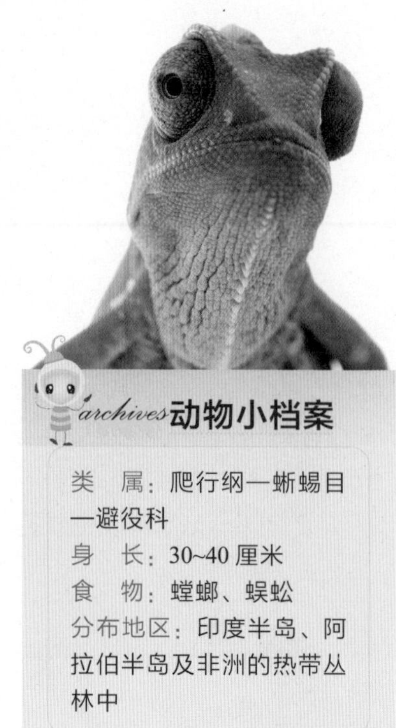

archives 动物小档案

类　属：爬行纲—蜥蜴目—避役科
身　长：30~40 厘米
食　物：螳螂、蜈蚣
分布地区：印度半岛、阿拉伯半岛及非洲的热带丛林中

## 为什么会变色

变色龙身体颜色的变化受神经系统的支配，神经系统中的色素细胞在体内浓缩或稀释，从而增加或减弱色彩。它的体色可随光线、温度、湿度及心情的变化而改变，尤其是温度和湿度对它的变色起着至关重要的作用。

## 能“分工协作”的双眼

变色龙的双眼都被鳞片覆盖着，只留下一个小孔。但它的眼球能随意转动，可以一只朝前一只朝后，这对它的捕猎大有益处。

▲ 科学家研究发现，变色龙变换体色的另一个重要作用是能够实现彼此之间的信息传递和表达

▶ 变色龙两只圆鼓鼓的眼睛很特别，各管各的，可以同时向前和向后看

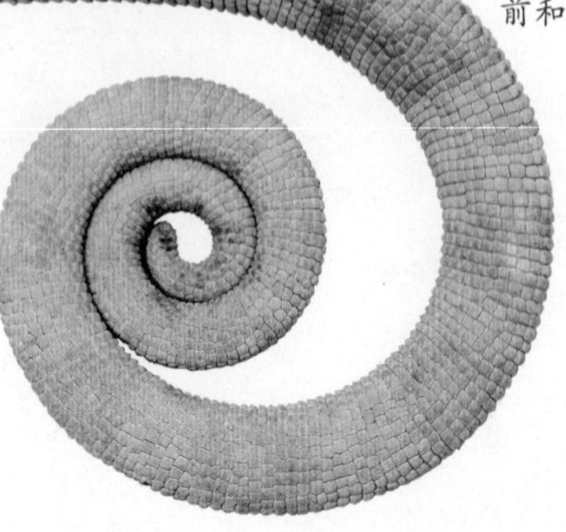

▶ 变色龙卷曲的尾巴能缠卷树枝

## 卷曲的尾巴

变色龙的长尾巴能像发条般卷曲或缠绕于树上。因此，在树上的时候，它们的尾巴就像是自己的第五条腿，可以帮助它们更好地待在树上。

◀ 变色龙皮肤的基本颜色是绿色，但它们可以随时变成深绿、浅绿、紫、蓝、褐色等，甚至是各色相间的花纹



## 脚趾的形状

长期在树上生活改变了变色龙脚趾的形状，它的大拇指、食指与其他三趾分开。这使它能够更好地握住树枝，但在地上行走时却站立不稳，模样滑稽可笑。

▲ 变色龙在陆地上爬行时，常采用爪尖着地、前后脚呈八字形的步态姿势

## 以不变应万变

◀ 变色龙捕食只需1/25秒

变色龙的动作非常缓慢，在大多数情况下，它会静止在树上一动不动。但只要是发现了可口的猎物，它就会迅速地将舌头弹出去，昆虫往往还来不及做任何反应，就已被它的长舌粘到嘴里去了。

## 伪装不行就恐吓

当天敌靠近、伪装不再起作用的时候，变色龙还有一“招”，就是让身体膨胀变黑，显示出一种咄咄逼人的气势。事实上，这也只是“唬人”的伎俩，因为它们并不属于攻击型动物。

▶ 膨胀变黑的变色龙

▲ 蜥蜴通常有 4 只脚，所以又被称为“四脚蛇”

# 蜥　蜴

蜥蜴家族是爬虫类中最大的群体，约占全世界所有爬虫类一半以上，它们大多是肉食动物，只有极少的一部分为草食动物。蜥蜴是现存动物中外貌与恐龙最相像的，它们奇特的外形非常吸引人。

## 家族成员

蜥蜴有 700 余种，它们的大小差异很大。其中，绿色鬣蜥约有 70 厘米长，德州角蜥只有 10 厘米左右长。

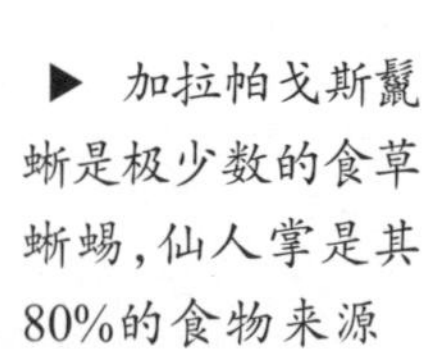
▶ 加拉帕戈斯鬣蜥是极少数的食草蜥蜴，仙人掌是其 80%的食物来源

## 飞蜥

飞蜥主要栖息在树上，很少到地面活动。在树上爬行觅食时，它们身体两侧的翼膜像扇子一样折向体侧背方；在林间滑翔时，翼膜会向外展开，就像是翅膀一样，让它们从一棵树飞向另一棵树。

## 巨蜥

巨蜥是一种体形庞大的蜥蜴，最大的能长到两三米长，体重可达 30 千克。巨蜥尽管身躯庞大，但行动却很灵活，不仅善于游泳，还能攀爬树木，经常下水捕鱼，上树捉鸟，或偷袭一些行动比较缓慢的小动物。

▶ 巨蜥以陆地生活为主，栖息于山区的溪流附近或沿海的河口、山塘、水库等地

◀ 飞蜥

archives动物小档案

类　属：爬行纲—蜥蜴目—蜥蜴科
身　长：3~70 厘米
食　物：昆虫、蜘蛛
分布地区：非洲、阿拉伯、中国南部、马来西亚、印度东部、澳大利亚等地

## 美洲绿鬣蜥

美洲绿鬣蜥可能是世界上最广为人知的蜥蜴。幼体的鬣蜥体色是亮绿色的，上面夹杂蓝色的花纹，等成熟后，体色会变暗淡。

◀ 美洲绿鬣蜥

### 饰蜥家族

饰蜥的家族成员众多，外形各异，大小有别。但都有一个共同点，那就是它们借助身上隆起而粗涩的鳞片，可将自己装饰成各种吓人的模样，这也是它们名字的由来。

▲ 伞蜥遇到外敌时会瞬间张开颈伞，并张大嘴巴，威慑力十足

## 伞蜥

伞蜥拥有长长细细的尾巴，光尾巴就占了身长的2/3，颈部四周长有舌骨所支撑的伞状领圈皮膜。伞蜥体温偏低时，皮褶能吸收更多阳光，也可以在体温过高时帮忙散热。

◀ 伞蜥

▼ 角蜥

## 角蜥

角蜥是一种形如蛤蟆的蜥蜴，它们身上长满了尖刺，如同锋利的匕首，是厉害的防御武器。不仅如此，角蜥的头上还长着一些粗长的硬刺。当响尾蛇企图将它吞进肚子时，这些硬刺就会刺穿响尾蛇的喉部，使其失血过多而死。

# 壁 虎

夏天的夜晚，壁虎常常静静地伏在墙上，只要有蚊子一落在附近，它就迅速地扑过去将其捕获。壁虎足垫和趾的结构非常特殊，能轻而易举地抓住物体上任何细小的突起，所以可以在光滑的墙面上行动自如。

## 捕虫能手

壁虎在夏、秋两季最为活跃，它们经常在夜间捕食蚊子、苍蝇、飞蛾等昆虫。一只壁虎一夜之间最多可以捕食上百只害虫，所以人们给了它一个“捕虫能手”的美称。

▶ 壁虎捕食

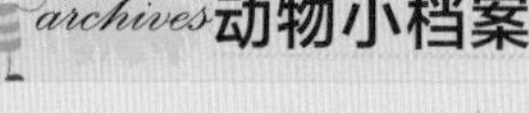

**动物小档案**

类　属：爬行纲—蜥蜴目—壁虎科
身　长：约 15 厘米
食　物：苍蝇、蝗虫、蜘蛛
分布地区：广泛分布于世界各地

壁虎足趾长而平，趾上肉垫覆有小盘，盘上依序长有微小的毛状突起，末端呈叉状

## 脚的魔力

壁虎的每只“脚”底部长着大约 50 万根极细的刚毛，而每根刚毛末端又有 400~1000 根更细的分支。据计算，一只大壁虎的 4 只“脚”产生的总作用力压强相当于 10 个大气压。

## 独特的瞳孔

壁虎的瞳孔是纵长的。在明亮的地方，会眯成一条细线；在黑暗的地方则张开成一条宽缝。这样的生理特性很适合壁虎昼伏夜出的生活习惯。

壁虎白天视力较差，怕强光刺激，瞳孔经常闭合成一条垂直的狭缝

▲ 壁虎白天潜伏在壁缝、瓦檐下、橱柜背后等隐蔽的地方，夜间则出来活动

## 眼部的保健

壁虎的眼部结构比较特殊，它的上、下眼皮不能张合闭启，所以需要用舌头来舔舐眼球以保持清洁。幸亏它的舌头长得长，能够到眼睛。

▼ 壁虎舔舐眼球

## 可以再生的尾巴

壁虎的尾巴很容易断开，在遇到危险时，它会忍痛自断尾巴，以保全性命。但是不用担心，很快它又会生出一条新的尾巴来。

▲ 壁虎断尾

### 最大的壁虎

大壁虎又名蛤蚧、仙蟾，是最大的一种壁虎。它的外貌与一般壁虎相似，全长30厘米左右，头体长与尾长相近。大壁虎大多栖息在山间岩石上或树洞里，有时也在人们住宅的屋檐、墙壁附近活动。

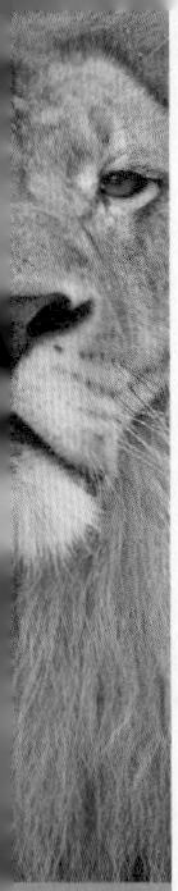

# 鳄　鱼

鳄鱼给人的印象是狰狞可怕的，它们外形丑陋，性情粗暴。尽管鳄鱼身躯粗笨，行动却极为敏捷。鳄鱼的眼睛长在头的上部，所以它的视野极其开阔，可以清楚地看清水面及陆地上的东西。

archives动物小档案

类　属：爬行纲—鳄形目—鳄科
身　长：约6米
体　重：约1吨
食　物：蛙、鱼类、龟
分布地区：全球的热带、亚热带地区

## 石头的功用

鳄鱼经常会吞下石头，存入胃里，这些石头可以增大它身体的重量，所以鳄鱼经常浮在水面上。如果没有这些石头，它们可能会翻个底朝天。

◀ 漂在水面的鳄鱼

## 不断更替的牙

鳄鱼的牙齿十分尖锐锋利，不过数量太少，无法撕咬和嚼碎猎物，但很适合牢牢地咬住猎物，将猎物摔死或者拖入水中淹死。为了保持牙齿的锋利，鳄鱼总在已有的牙齿底下不断地长出新牙，从而将那些钝了的旧牙换掉。

◀ 鳄鱼的颚强而有力，长有许多锥形齿

◀ 隐藏水中的鳄鱼偷袭那些渡河的角马

▶ 鳄鱼的盐腺正好位于眼睛附近

## 鳄鱼的眼泪

鳄鱼的眼泪其实是它排泄出来的盐溶液。鳄鱼眼睛附近长着排泄盐溶液的腺体，可以排除体内多余的盐类。所以当它们排出盐溶液时，竟被人们误认为在淌眼泪呢。

## 潜伏捕食

鳄鱼藏在水下，方便它们捕猎。尽管它们的大部分身体都没在水下，但是位于头顶的眼睛、耳朵、鼻孔却露出水面。这使得鳄鱼既使潜在水下，也是能听又能看，还能嗅出周围的气息。别的动物一点儿也觉察不到危险的存在，等到发觉时就已被鳄鱼咬住了。

▶ 鳄鱼头部进化精巧，在狩猎时可保证仅眼耳鼻露出水面，极大地保持了隐蔽性

## 用心良苦

小鳄鱼刚出生时，行动很不灵活，鳄鱼妈妈会张开大嘴把小宝宝一只只地吞进嘴巴里。不用担心，它不是要吃掉自己的宝宝，而是将小鳄鱼放进口腔中的“育儿袋”保护起来。

▶ 鳄鱼群一般由个体大小相同的成员组成，小鳄鱼群会避开大鳄鱼们，以免被它们吃掉

# 乌 龟

乌龟又被称为“金龟”“草龟”等，是最常见的爬行动物。乌龟一般生活在河流、沼泽和山涧中，有时也上岸活动，它们以螺类、虾和小鱼为食，也吃植物的茎叶。乌龟是一种变温动物，通常在 10℃~15℃时进入冬眠状态。

## 圆弧状的壳

乌龟行动非常缓慢，很容易遭受攻击。不过，乌龟背部的甲壳就像盾牌一样，可以让它们在遇到危险时，将头和四肢缩进壳内。由于甲壳又厚又坚硬，而且是圆弧状的，可以承受非常大的压力，因而即使是大型猎食者也很难对乌龟造成伤害。

◀ 乌龟的甲壳上有圈，圈数越多说明乌龟的年龄越大

▲ 缩进壳里的乌龟

## 可爱的“慢性子”

乌龟行动缓慢，每天还要睡上十几个小时，因而体能消耗极少，新陈代谢十分缓慢。同时，乌龟的细胞分裂数目要比其他动物多得多，再加上适应性和抗病力比较强，因此寿命要比很多动物都长。

▲ 厚厚的甲壳披在身上，乌龟行动很缓慢

## 不怕饥饿

乌龟有很强的耐饥饿能力，即使断食数月也不会被饿死，抗病能力也很强，所以它们是很长寿的动物。

▼ 大多数乌龟为肉食性，以蠕虫、螺类、虾及小鱼等为食，也吃植物的茎叶，不挑食也耐饿

**archives 动物小档案**

类　属：爬行纲—龟鳖目—淡水龟科
身　长：10~100 厘米
食　物：虾、小鱼、蜗牛
分布地区：中国南方大部分地区、日本和朝鲜

▶ 乌龟平时动作很缓慢，但在进食时能以非常快的速度伸缩头部，用上下颚撕咬食物

## 口中无牙齿

乌龟没有牙齿，但它的上颚和下颚外面有一层类似鸟嘴那样的硬东西，它就是靠这样角质化的上下颚来把食物切开、撕裂和压碎的。

## 乌龟的冬眠

乌龟是一种变温动物，到了冬天，或者是当气温长期处在较低情况下，乌龟就会进入冬眠状态。冬眠时，乌龟会长期缩在壳中，几乎不活动。同时，它的呼吸次数减少，体温降低，血液循环和新陈代谢的速度也会减慢，这样它就可以消耗较少的营养物质，为身体储备能量。

◀ 当气温降到 10℃以下时，乌龟停止摄食，进入冬眠期

# 阿尔达布拉龟

阿尔达布拉龟是最大的陆地龟，也被称为“巨人陆龟”。阿尔达布拉龟长着暗灰色的厚甲壳，四肢表面覆盖着坚韧的鳞片，脖颈非常长。它有很强的耐饥饿的本领，即使没有食物或淡水，也能生活好几个星期。

▲ 庞大的身体、粗壮的四肢、坚硬的铠甲使阿尔达布拉龟成为“龟中之王”

## 用鼻子喝水

你相信有些动物可以不用嘴，而用鼻子喝水吗？阿尔达布拉龟就能做到。因为它的鼻腔与食道相通，中间有块特殊的安全瓣膜，喝水时会自动关闭，以防将水吸入肺里。

▼ 阿尔达布拉龟可以用鼻子喝水

## 成熟看个头

阿尔达布拉龟的寿命可以超过 100 年。它的成熟与否并不取决于年龄，而是取决于个头儿的大小，个头儿越大，就说明个体发育得越完全。

archives动物小档案

类　属：爬行纲—龟鳖目—陆龟科
体　重：约 200 千克
食　物：植物、蚯蚓
分布地区：印度洋西北部

▲ 阴凉处乘凉的阿尔达布拉龟

▲ 阿尔达布拉龟交配



## 自得其乐的生活

早晨天气比较凉快，是阿尔达布拉龟的早餐时间。因为它们不能调节自身的体温，热辣的阳光会对它们造成伤害，所以中午时分，它们都躲在阴凉处乘凉，然后再美美地睡上一觉，多惬意的生活啊！

## 善妒的家伙

2 月至 5 月为阿尔达布拉龟繁殖期，交配后把蛋产在一个沙土浅巢。它们生性小气，好嫉妒，看到其他龟交配时，它们就会在四周徘徊，趁机捣乱。

## “幸运的”阿尔达布拉龟

阿尔达布拉龟因为生活在阿尔达布拉岛而得名，是最早被人类保护的动物之一。1874 年，达尔文曾向当地政府建议保护阿尔达布拉龟，并得到响应。

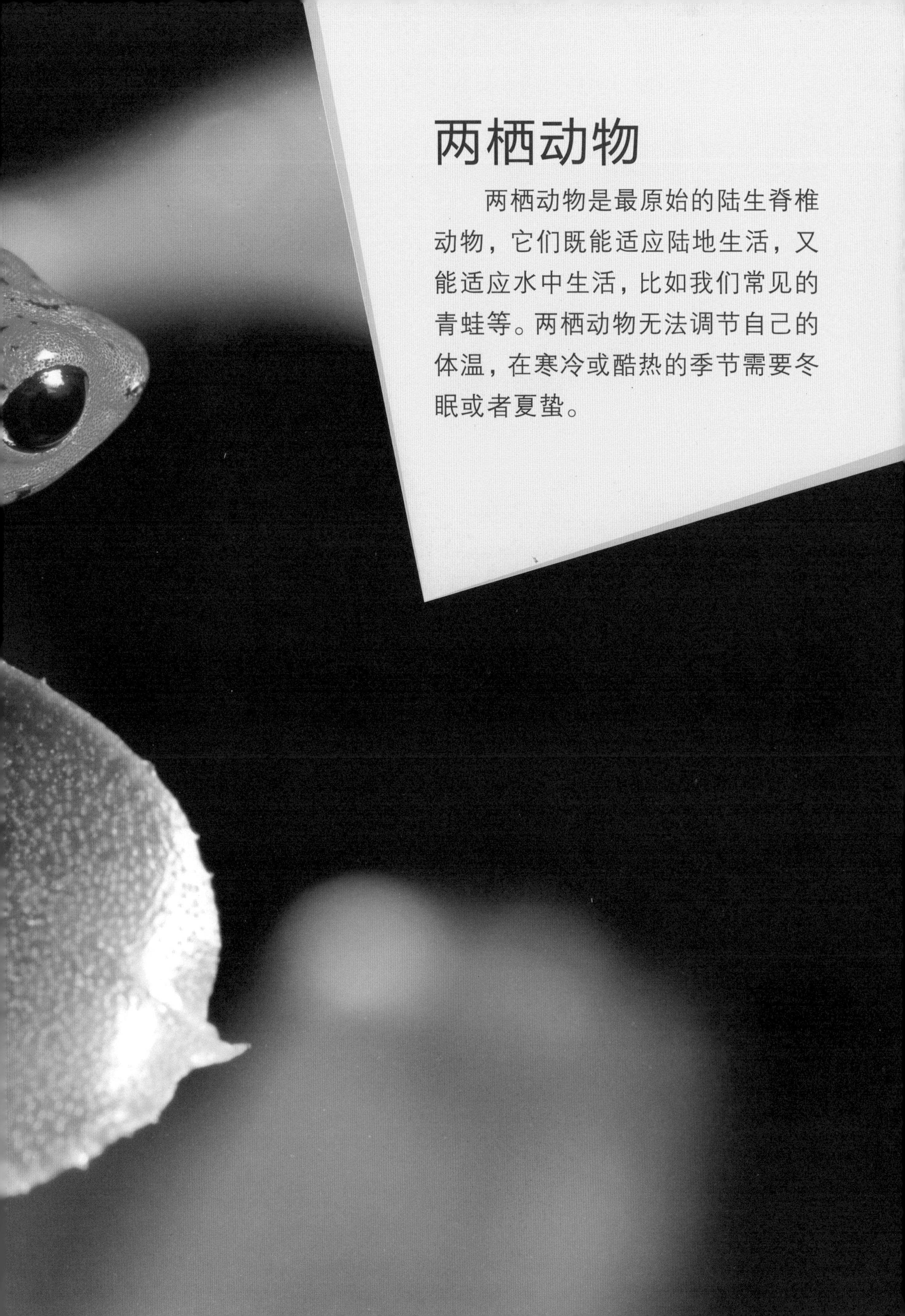

# 两栖动物

两栖动物是最原始的陆生脊椎动物，它们既能适应陆地生活，又能适应水中生活，比如我们常见的青蛙等。两栖动物无法调节自己的体温，在寒冷或酷热的季节需要冬眠或者夏蛰。

# 青　蛙

青蛙是一种常见的两栖动物，它小时候生活在水里，长大后还可以在陆地上生活。青蛙虽然长得比较小，但后腿很有力，后脚趾间还有蹼，因而既能够跳跃，又善于游泳。不仅如此，青蛙还是个名副其实的捕虫能手，一天能捕捉 200 多只害虫。

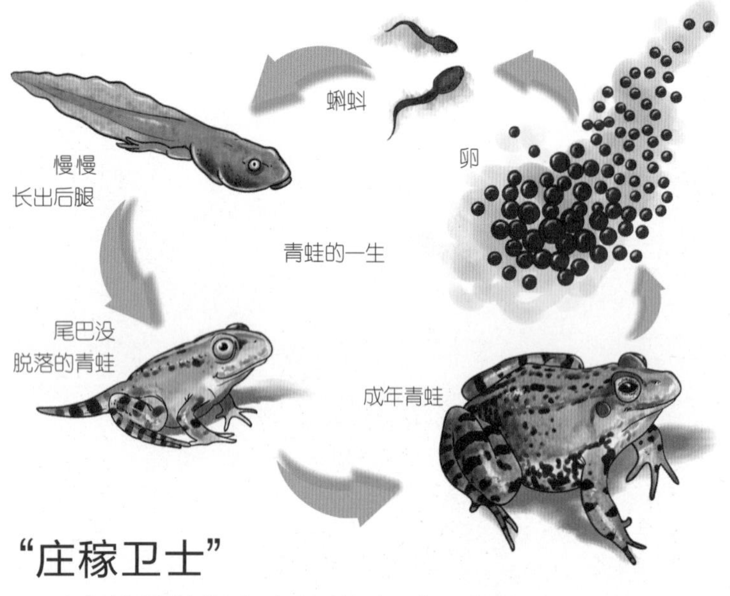


## 两栖生活

还是蝌蚪的时候，青蛙是用鳃呼吸的，长大后主要用肺呼吸，同时也可以用皮肤呼吸。

## “庄稼卫士”

青蛙是捕捉害虫的能手，有“庄稼卫士”的称号。只要小飞虫从身边飞过，它们就猛地往上一跳，张开大嘴，伸出舌头，快速地吃掉害虫。青蛙那长而分叉的舌头能向外翻出，把虫子卷进嘴里，百发百中。

▼ 青蛙可以辨别出最喜欢吃的苍蝇和飞蛾，然后迅速用长舌头将其捉住

青蛙的舌头可以分泌黏液，可以粘住昆虫

**archives 动物小档案**

类　属：两栖纲—无尾目—蛙科
身　长：4~12 厘米
食　物：各种害虫
分布地区：世界各大洲的水域、湿地等地区

▲ 蛙体型较苗条，多善于游泳

## 早早开始冬眠

青蛙的体温会随着周围气温的变化而变化。当气温下降到 8℃左右时，青蛙就开始冬眠了；气温再下降到 5℃~6℃时，青蛙会冬眠得更深。通常，青蛙很早就钻进泥土中开始冬眠了，如果非要等到冬天的话，过低的气温可能会让它们不能动弹。

## 运动健将

青蛙是个运动健将，非常擅长跳跃和游泳。它们一下可以跳跃相当于自己体长 20 倍的距离。在水里的时候，青蛙会展示自己的游泳本领。它常以最标准的蛙泳姿势，向对岸游去。

◀ 青蛙的颈部不明显，四肢肌肉十分发达

◀ 冬眠的青蛙

## 出色的"歌唱家"

青蛙是出色的"歌唱家"，常把"腮帮子"鼓起来，会发出"呱呱"的声音。每当大雨过后，青蛙叫得最欢。有时，它们的叫声还会彼此呼应，此起彼伏，汇成一片大合唱。

▼ 在夏天的雨天会有几十只甚至上百只青蛙一起"呱呱呱呱"地叫

# 蟾 蜍

蟾蜍的外表疙疙瘩瘩、极其丑陋，所以俗名叫“癞蛤蟆”。蟾蜍和青蛙一样，都是由小蝌蚪变化而成的，但是它的叫声不像青蛙那样清脆，也不善于跳跃和游泳。

▶ 蟾蜍平时栖息在河流、池塘岸边的草丛内或石块间，在清晨、黄昏或暴雨过后最为多见

## 艰难地摄食

蟾蜍捕食时，假如舌头伸得太长，会无法缩回嘴里，这时它们会用前脚帮忙将舌头推回嘴里。蟾蜍在吞咽食物时，会不停地眨眼，因为它要靠挤眼的力量把食物咽下去。

◀ 蟾蜍在吞咽食物时，还会不停地眨眼

▼ 蟾蜍的眼睛又大又突出，对活动着的物体较敏感，对静止的物体感知迟钝

◀ 青蛙的卵通常堆成块状，而蟾蜍的卵则排成串状

## 小蝌蚪找妈妈

蟾蜍妈妈喜欢把卵产在水草上，10~12天之后，卵就会变成一群大脑袋、长尾巴的蝌蚪。小蝌蚪在水中游来游去，四处找妈妈。2个月后，蝌蚪就会变成小蟾蜍。

▲ 遇见危险膨胀身体的蟾蜍

archives 动物小档案

类　属：两栖纲—无尾目—蟾蜍科
身　长：4~12 厘米
食　物：各种害虫
分布地区：中国西南部和南部，以及南亚、东南亚

## 冬眠

蟾蜍是冷血动物，寒冷的冬天到来时，它们需要在地下打洞冬眠。冬眠时间的长短是根据地面的温度来决定的。

## 欺软怕硬的家伙

蟾蜍可以游刃有余地对付一些小型昆虫。若是碰到赤练蛇，蟾蜍就将自己膨胀得很大，想以此吓退敌人。但赤练蛇根本不会理会这种小把戏，大嘴一合就把它咬扁了。

▶ 蟾蜍身上分泌的白色液体具有很强的毒性

▲ 蟾蜍冬季大多潜伏在水底淤泥或烂草里，也有在陆地上泥土里越冬的

# 牛 蛙

牛蛙是一种大型的蛙类，它的叫声很洪亮，从远处听就像是牛在叫，因此得名“牛蛙”。它背部为绿色或棕绿色，咽喉部有斑点，眼睛是金色或褐色的，雄牛蛙的鼓膜通常要比雌牛蛙的大。

## 暴力分子

牛蛙是青蛙家族中的暴力分子。虽然称之为“蛙”，但它们不吃草，只吃肉，经常捕食比它小的青蛙，还敢挑战比它大的动物，如水蛇等。

▲ 牛蛙的长相与一般蛙相似，但个体较大

**动物小档案**

类　属：两栖纲—无尾目—蛙科
身　长：20~25 厘米
体　重：0.5 千克
食　物：鱼、小鸟
分布地区：北美洲、非洲、印度、中国都有分布

▲ 牛蛙是两栖类生物的天敌

◀ 炎热地区的牛蛙躲在遮阳处或蛙巢内很少活动

## 贪睡的家伙

生活在炎热地区的非洲牛蛙，可能会数月或数年躲在地底下睡大觉。等到一场春雨降临后，牛蛙才从睡梦中苏醒。

## 高亢热情地鸣叫

雄牛蛙高亢地鸣叫主要是为了吸引雌牛蛙的注意。有些牛蛙似乎患有“口吃病”，“唱”起来总是“结结巴巴”的，但是研究发现，即便是“口吃”的牛蛙，鸣叫起来也有固定的规律。

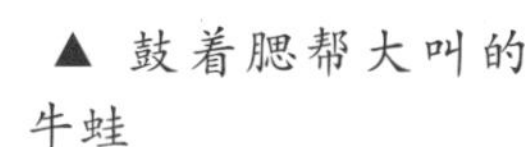

▲ 鼓着腮帮大叫的牛蛙

## 领地之争

雄牛蛙对闯入它领地的入侵者非常反感，它会在自己的领地大声鸣叫，表示这是它的“地盘”，还会用踢、推的办法将入侵者赶走。如果入侵者还是不走，一场恶战就在所难免。

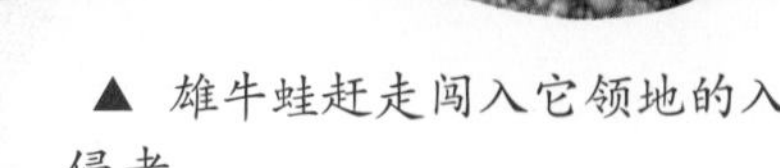

▲ 雄牛蛙赶走闯入它领地的入侵者

◀ 雌牛蛙和幼蛙

## 积蓄能量

牛蛙的卵变成蝌蚪后，要生长2年，等积蓄了很多能量后，才能长成一只牛蛙。

# 蝾 螈

蝾螈无论是在陆地上还是在水中都可以安家立业。蝾螈身上的花纹色彩非常鲜艳，是它的保护色，有些蝾螈还会分泌毒液，可以麻醉或杀死敌人，这两样武器是蝾螈在自然界中生存的法宝。

## 悠游自在

蝾螈在水里显得十分快活，它喜欢在恒温的水中游来游去，偶尔也会离开溪流爬上陆地，但它们不会离水太远。

▶ 蝾螈与蛙类不同，长着一条宽大的长尾巴

▲ 大多数的蝾螈都栖息在有水的环境中，而陆栖种类仍以潮湿的环境为主

**archives 动物小档案**

类　属：两栖纲—有尾目—蝾螈科
身　长：6~17 厘米
食　物：蝌蚪、蚯蚓、蜗牛
分布地区：非洲东南部、欧洲、北美洲东南部和西部

## 独特的呼吸

蝾螈小时候用腮呼吸，长大后腮会脱落，于是改用肺和皮肤呼吸。大约有 270 个种类的蝾螈完全没有肺，只能通过皮肤和口腔黏膜进行呼吸。

▼ 小时候的蝾螈

## 蝾螈捕食

蝾螈主要捕食蝌蚪、小鱼、水蚤等一些小动物，它常常慢慢地移向猎物，然后快速地用尖利的牙和颚捉住猎物。在它嘴巴的两边，长有锯齿形状的突起，可以防止猎物逃跑。

◀ 蝾螈的视力很差，主要靠嗅觉来觅食

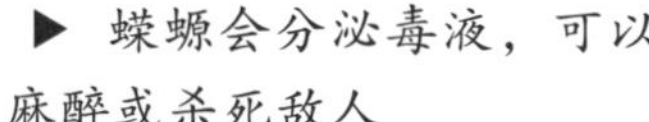

▶ 蝾螈会分泌毒液，可以麻醉或杀死敌人

## 异曲同工

在受到威胁时，蝾螈会弓起背部，腹部会明显变红，毒素就是从它们的腹部排泄出来的。经研究表明，这种毒素与从河豚体内提取出来的“河豚毒素”很相似。

## 起死回生

墨西哥蝾螈是唯一一种能够再生四肢的动物。有时它们会因为互相撕咬而断了尾巴或者腿，但是只需要 2~7 周的时间，就会长出和以前一模一样的尾巴或四肢。

▲ 墨西哥蝾螈

▲ 箭毒蛙拥有美丽的外表和致命的毒素

# 箭毒蛙

箭毒蛙是一种体色非常艳丽的蛙类，能从皮肤腺里分泌出剧毒。依仗自己的毒性，它在白天也敢出来活动。箭毒蛙的毒性非常大，一只箭毒蛙的毒液足以杀死 2 万只老鼠！

## 名字的由来

箭毒蛙的种类很多，并不是所有的箭毒蛙都有毒，而且有毒的成员彼此之间的毒性也有差异。其中，一只毒性大的箭毒蛙所具有的毒素就足以杀死 2 万只老鼠。由于极富毒性，印第安人在捕捉箭毒蛙时，总是用树叶把手包卷起来以避免中毒。他们还会将采到的毒液抹在箭头上做成毒箭，用于打猎，箭毒蛙的名字由此而来。

▼ 蛇类是箭毒蛙的天敌

## 也有天敌

蛇是箭毒蛙的天敌，尤其是巨大的蟒蛇和有毒的眼镜蛇，是箭毒蛙必须防备的首要敌人。当然，人类的捕杀也对箭毒蛙的生存构成威胁。

**archives 动物小档案**

类　属：两栖纲—无尾目—箭毒蛙科
身　长：1~5 厘米
食　物：蜘蛛
分布地区：中美洲、南美洲的热带雨林地区

## 为什么有毒

有人曾尝试养殖箭毒蛙，但是，人们发现人工饲养的箭毒蛙无毒。原因是野生状况下的箭毒蛙以热带的蚂蚁和昆虫为食，正是这些食物使箭毒蛙产生毒素。

▶ 自然食物的毒性会被箭毒蛙吸收转化为自身的毒液

## 唱歌助产

雌性箭毒蛙要产卵时，雄性箭毒蛙会对着雌性“哼哼唧唧”地“唱歌”，好让雌蛙有心情产卵。

◀ 箭毒蛙产卵

## “美丽”的警告

大自然中有很多动物是靠隐蔽色逃避天敌的，箭毒蛙的生存对策恰恰相反。箭毒蛙家族就是凭借警戒色和毒腺的保护而存活至今的。它鲜艳的颜色和花纹在森林中显得格外醒目，仿佛是在告诉敌人，它们是不宜吃的。

◀ 柠檬黄色的毒箭蛙最为耀眼和突出

# 树　蛙

树蛙是一种非常漂亮的蛙类，大多体型娇小，颜色鲜艳，看上去很讨人喜欢。树蛙的足趾短而粗，趾端长着很多尖细的毛，上面还附着一层类似黏胶的物质，所以它能稳稳地固定在大树的任何部分。

archives 动物小档案

类　属：两栖纲—无尾目—树蛙科
身　长：3~7 厘米
食　物：蝗虫、蛾
分布地区：亚洲及非洲南部的热带雨林

◀ 多数树蛙栖息在潮湿的阔叶林区及其边缘地带。体背多为绿色或随环境而异

## 随景赋色

树蛙的体色会随环境的变化而改变，因此也被称为“变色树蛙”。变色可以使它同周围的环境融为一体，敌人很难发现它。

▶ 树蛙的四肢细长，脚趾能分泌一种黏性物质，趾末端有吸盘，非常适合爬树

## 特殊的生理结构

树蛙每个脚趾的末端，都长着一个圆圆的小肉垫，那就是吸盘，它的脚趾弯起来十分容易。这样的生理结构，使树蛙能牢牢地站立在树的任何地方。

## 从天而降的飞蛙

树蛙家族中有一种飞蛙，它的脚趾比其他的蛙长，前脚有发达的蹼，跳跃时就像“伞兵”从空中落下一样。

▶ 当飞蛙张开脚趾起跳时，就像“飞翔”一样，能轻易地从一棵树上滑翔到另一棵树上

## 天时地利

红眼树蛙把它们的卵产在水塘上面的树叶上，这样，小蝌蚪孵出后自然就掉进叶子下的水中了。

◀ 红眼树蛙属于雨蛙科，体型较大，它与绝大多数的树蛙一样，也是一种完全夜行性的动物

▶ 红眼树蛙产卵

## 黑蹼树蛙

黑蹼树蛙身体背面是绿色的，部分个体有深绿色斑纹或白色斑点，体侧有灰黑色细网纹，腹部黄色。它们四肢修长，趾间的蹼发达，具有黑色斑点，就像是一双“黑布鞋”。

◀ 黑蹼树蛙树栖性强，体极扁平，胯部细，指、趾间的蹼发达

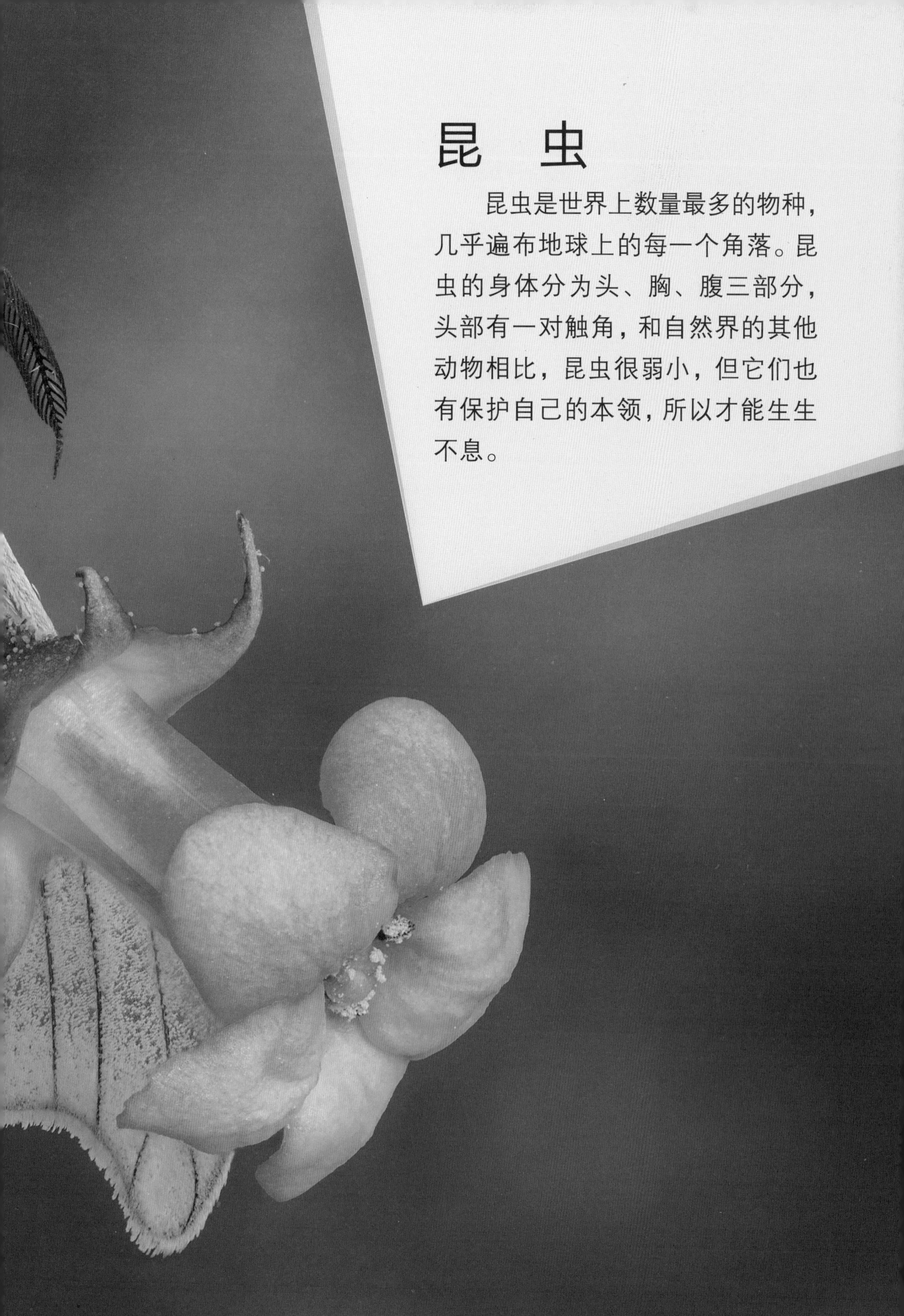

# 昆 虫

昆虫是世界上数量最多的物种，几乎遍布地球上的每一个角落。昆虫的身体分为头、胸、腹三部分，头部有一对触角，和自然界的其他动物相比，昆虫很弱小，但它们也有保护自己的本领，所以才能生生不息。

# 蟋蟀

蟋蟀的俗名叫“蛐蛐儿”，是我们身边很熟悉的小动物，常生活在野草地、农田、瓦砾堆、篱笆根或墙缝中。蟋蟀优美动听的歌声并不是出自它的好嗓子，而是它的翅膀，它是靠振动翅膀发出声音的。

蟋蟀触角就像细丝，长度比身体还要长

## 蟋蟀的特征

蟋蟀肤色大多为黄褐色或黑褐色，头部略圆，触角呈丝状，细长易断，“嘴”为咀嚼式口器。有的大颚发达，强于咬斗。前足和中足相似并同长；后足发达，善跳跃；尾须较长。前足胫节上有“耳朵”。雄性喜鸣、好斗，常有“斗殴”发生。

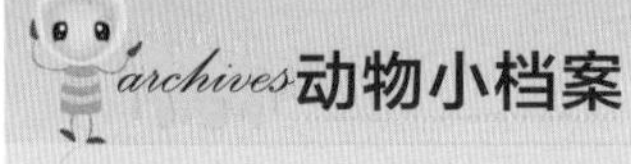


类　属：昆虫纲—直翅目—蟋蟀科
身　长：约 20 毫米
食　物：树叶、果实
分布地区：除极地外，世界各地都有分布

▼ 蟋蟀会破坏花生、大豆等植物的根、茎、叶、果实和种子

## 成长历程

雌蟋蟀身体末端有一个长而扁平的排卵器，它通常把卵产在土中或植物上，孵化后的幼虫叫做若虫或跳虫。跳虫很像小型的成虫，但是没有翅膀。它们不断地进食后会蜕皮，经过 6 次蜕皮，就变成真正的蟋蟀了。

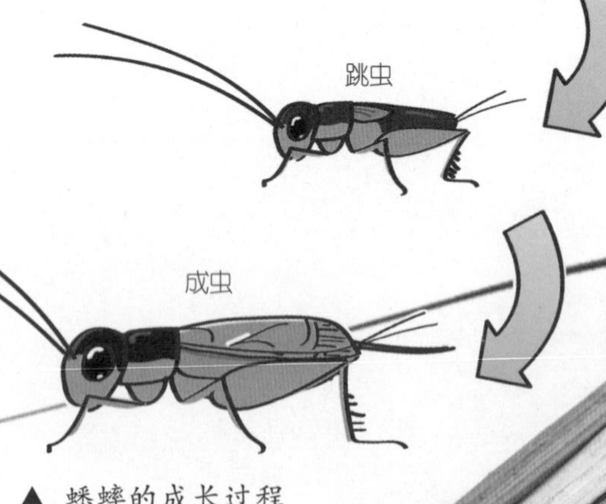


▲ 蟋蟀的成长过程

▲ 蟋蟀以善鸣好斗著称，在很远的地方就可以听见它们清脆的叫声

## 保命要紧

当蟋蟀的腿部受了伤，被敌人捉住时，它就切断那只腿逃跑，这种行为称为“自绝”。虽然切断的腿不能再长出来，但是在危险面前，还是保命要紧。

## 预报天气

当你在夜间清晰地听到蟋蟀高唱时，便预示着明天是个好天气，你大可放心上路出远门。

## 蟋蟀的发声器官

夏日夜晚，蟋蟀总是此起彼伏地发出嘹亮的叫声。其实，蟋蟀优美动听的歌声并不是出自嗓子，而是它们的翅膀。雄蟋蟀的左翅上长有较硬的翅膜，就像一把小刷子，右翅上长着许多小锯齿，就像一把小锉刀。当蟋蟀用左翅摩擦右翅时，就会发出清亮的声音。

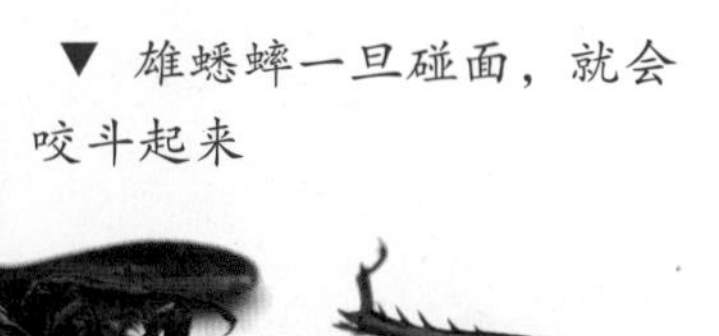

▼ 雄蟋蟀一旦碰面，就会咬斗起来

## 生性好斗

蟋蟀生性孤僻，多是独立生活，除了繁衍后代需要，绝不和别的蟋蟀住在一起。因为它们彼此之间不能容忍，一旦碰到一起，就会咬斗起来。此外，雄蟋蟀常通过决斗来赢得雌蟋蟀的青睐。因而，蟋蟀间的打斗时常发生，屡见不鲜。

# 瓢　虫



瓢虫是世界上最受人们喜爱的小甲虫之一。它们的身体圆圆的，甲壳的颜色非常漂亮，有些是黑色带有黄色或红色斑纹的，有些是黄色或红色带有黑色斑纹的，也有些是黄色、红色没有斑纹的。

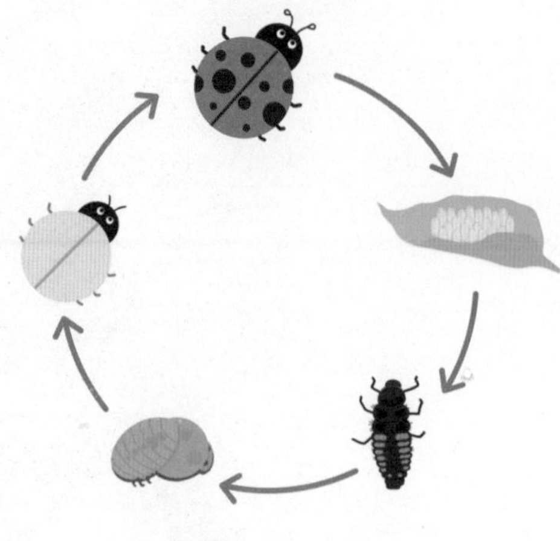

▲ 瓢虫是全变态昆虫，一生要经历 4 个虫期：卵、幼虫、蛹和成虫

瓢虫外面的一层翅膀已经变成硬壳，只起保护作用，所以叫作鞘翅

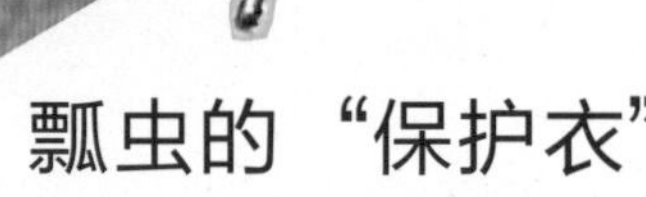

▲ 瓢虫的种类繁多，鞘翅上的颜色和斑纹也很复杂

## 瓢虫的"保护衣"

瓢虫身披光滑、坚硬的鞘翅，身体和翅膀上还点缀着美丽的点点花纹，非常漂亮。这些鞘翅不仅是瓢虫的"花衣裳"，还是它们最好的"护具"，能让它们避免不良气候的影响和天敌的伤害。

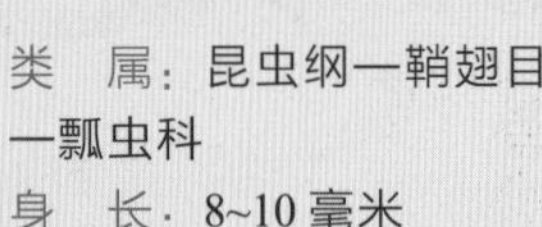

### archives 动物小档案

类　属：昆虫纲—鞘翅目—瓢虫科
身　长：8~10 毫米
食　物：蚜虫
分布地区：除极地外，世界各地都有分布

▶ 瓢虫鞘翅下面还有一层很薄的软翅膀，能够飞翔

## 飞行工具

在瓢虫坚硬的鞘翅下，有着薄而柔软的翅膀，这是瓢虫的飞行工具。飞行的时候，它会打开鞘翅，把下面的一层翅膀伸出来，快速地挥动。

## 安全措施

瓢虫的幼虫脚底下会分泌出一种黏黏的液体，它的尾部有一个吸力强大的吸盘，这样的生理结构可以帮助幼虫在光滑的树干或树叶上活动自如，而不会滑落。

▶ 瓢虫的幼虫

## 七星瓢虫

七星瓢虫是我们最常见的瓢虫，它的甲壳就像半个红色的小皮球，上面长着 7 个黑色的斑点。七星瓢虫个头儿不大，却是捕食蚜虫的好手，一只七星瓢虫一天可吃掉上百只蚜虫。

▶ 七星瓢虫是著名的害虫天敌，被人们称为“活农药”

## 脱身有术

七星瓢虫的 3 对细脚关节上有一种“化学武器”，当遭遇敌人侵袭时，它的脚关节能分泌出一种极难闻的黄色液体，使敌人望而生畏。它还有一套“装死”的本领，遇到强敌和危险时，会立即从树上落到地下“装死”。

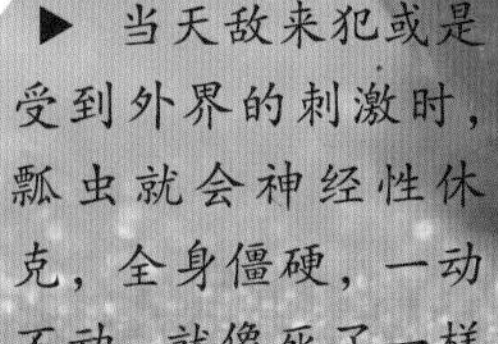

▶ 当天敌来犯或是受到外界的刺激时，瓢虫就会神经性休克，全身僵硬，一动不动，就像死了一样

# 蚂 蚁

蚂蚁是典型的群居动物，生活在世界的各个角落。蚂蚁的巢穴就像一座结构复杂的“宫殿”，里面住着几万甚至几十万只“蚁民”。由于职责不同，蚂蚁可以分为工蚁、雄蚁、蚁后几大类。它们分工明确，过着井然有序的生活。

▼ 蚂蚁交流合作

## 肢体语言的秘密

蚂蚁间依靠丰富的肢体语言传递信息。如果它们高高挺起腹部站立，表示发现了好多食物；用腹部敲击地面表示发现“敌人”；互相“亲吻”其实是在与伙伴分享美味；将尾部弯曲在双脚间，这可是个危险动作，这样做通常是在准备“战斗”了。

◀ 蚂蚁互相碰触角

◀ 严寒到来之前蚁类搬运蚜虫、介壳虫、角蝉和灰蝶幼虫等到自己巢内，准备冬日里从这些昆虫身上吸取排泄物做食料

archives 动物小档案

类　属：昆虫纲—膜翅目—蚁科
身　长：0.5~30 毫米
食　物：食物残渣
分布地区：除极地外，世界各地都有分布

## 饲养“家虫”

蚂蚁喜欢吃一种蚜虫的粪便，有趣的是，它们还会“饲养”蚜虫，以供它们享用。这是目前已知的除人类以外，唯一一种懂得“饲养”异类的动物。

## 蚂蚁王国的统治者——蚁后

蚁后是已经发育完全、具备生育能力的雌蚁。通常说来，一个蚁穴里只有一只蚁后，它住在巢穴的底层，由众多工蚁侍奉。蚁后每日产卵达几万粒之多，这些卵会被工蚁送入专门的“育婴室”照料。

▲ 蚁后和蚂蚁卵



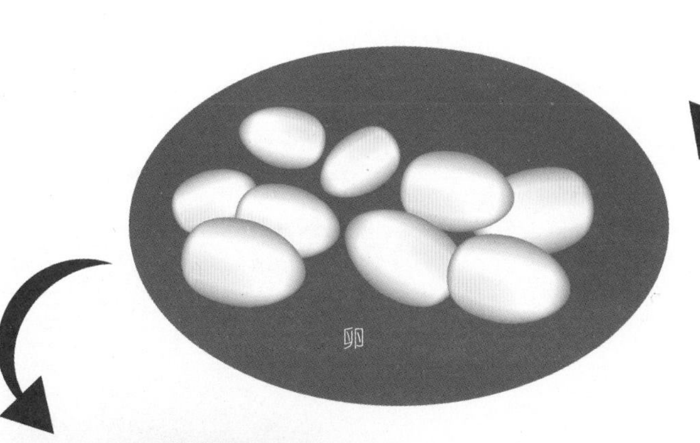


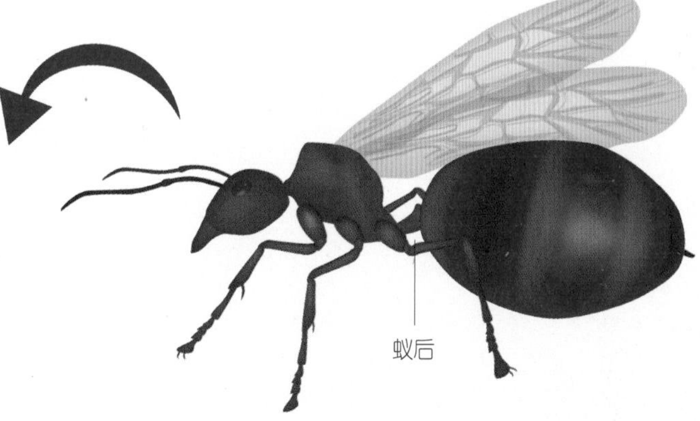


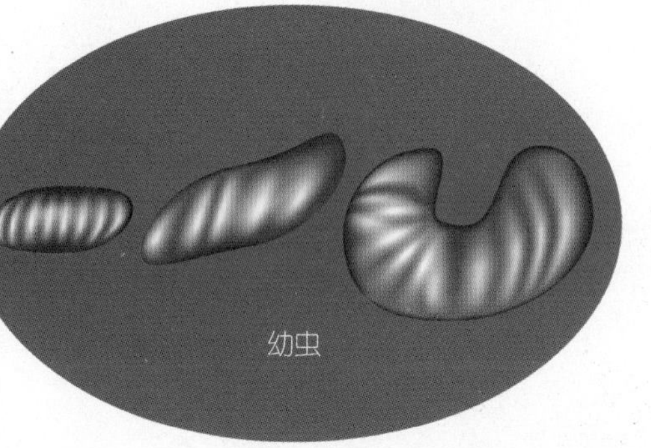


## 苦命的雄蚁

蚁穴里一般只有少数几只雄蚁，它们不用参加劳动，只负责和蚁后繁殖后代。一旦某只雄蚁被蚁后拒绝，其他蚁民就不再管它，甚至让它饿死。

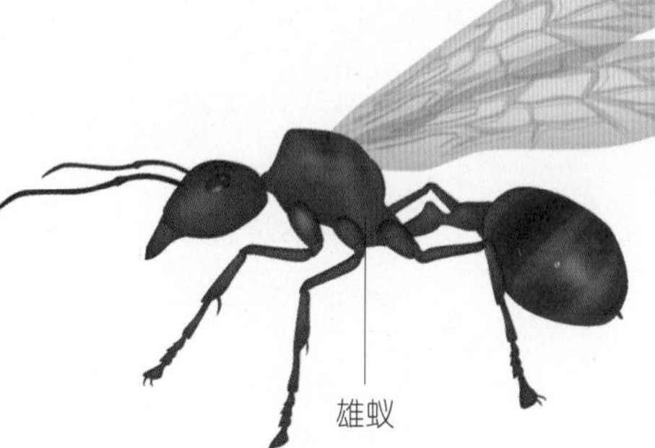


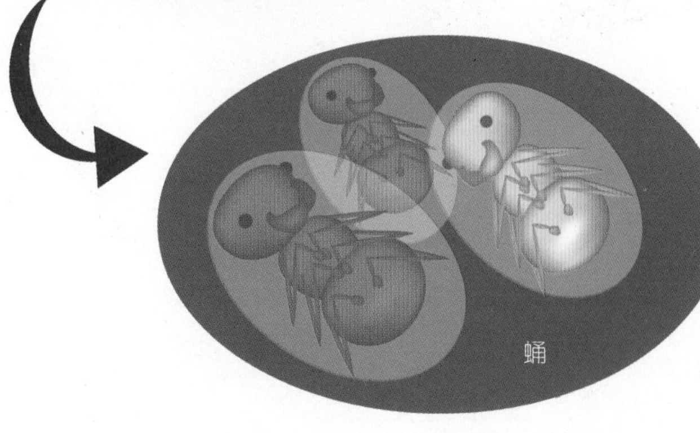

▶ 忙碌的工蚁

## 勤劳的工蚁

一个蚁穴中除蚁后外，其他的雌蚁都没有生育能力，它们按大小可分成几个级别：大型工蚁、中型工蚁、小型工蚁。其中，主要从事战争和防卫工作的是大型工蚁，称为兵蚁。

# 蜜 蜂



蜜蜂家族里有蜂王、雄蜂和工蜂三类成员，每个成员都有自己明确的分工。蜂王管理着整个家族，它的任务是繁衍后代；雄蜂除了和蜂王繁殖后代外，没有其他工作；最辛苦的就是工蜂了，它们负责筑巢、采蜜、养育幼蜂、防御敌害等工作。

## “同归于尽”

蜜蜂的螫针上有尖锐的倒刺，它把螫针刺入敌人的身体后，就再也拔不出来了，而它自己很快也会死去。

蜜蜂的腹部末有螯针

## 小蜜蜂采蜜忙

蜜蜂的后脚中间凹陷，有利于花粉的贮存,所以后脚就成了它们采蜜时的“花粉篮”。它们采到花粉后，就将花粉收集在“花粉篮”里，然后将花粉固定成球状再带回巢穴。

▼ 小蜜蜂采蜜制作蜂蜜的过程

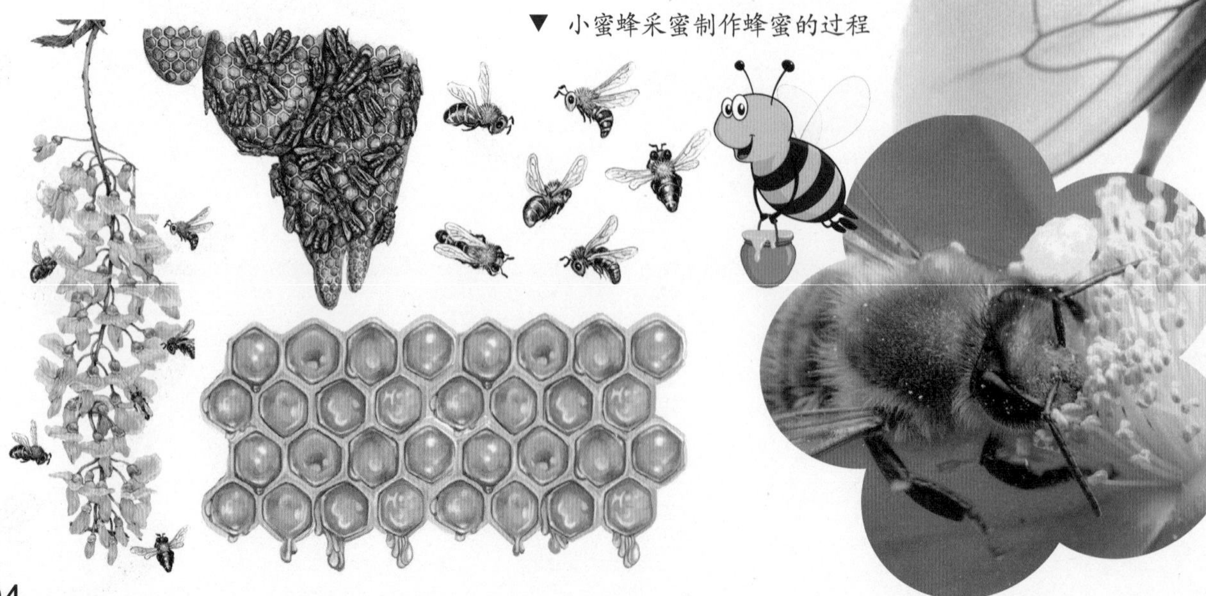

## 伟大的建筑师

蜜蜂的巢是正六边形的，既节省空间，又紧密牢固。它们在中央蜂孔里哺育幼虫，在外围的孔里存放花粉和花蜜，堪称是独具匠心，就连高超的人类建筑师也为之叫绝。

▶ 蜜蜂的巢不仅牢固，实用功能也很强



**archives 动物小档案**

类　属：昆虫纲—膜翅目—蜜蜂科
身　长：2~4 厘米
食　物：花粉、花蜜
分布地区：除极地外，世界各地都有分布

## 唯一的蜂王

在每个蜂巢中，通常只有 1 个蜂王，它是具有生育能力的雌性蜜蜂。一般情况下，工蜂只能活几个月，而蜂王通常能活 5~6 年，甚至十几年。

▶ 雄蜂和蜂王

## 蜜蜂密语

工蜂有很多有趣的行为，它在采蜜时，可以用跳“8”字舞的方式，告诉同伴们花儿在哪儿。近年来，有人还发现蜜蜂可以用声音进行“交谈”。在蜂巢附近可以听到“特尔、特尔”的声音，声音的高度及持续的时间似乎与花儿的距离、数量等有关。

▼ 蜜蜂舞蹈

# 蚕

◀ 人工养蚕在我国有着悠久的历史

你听过这样的诗句吗：春蚕到死丝方尽。蚕的幼虫可以吐丝，蚕丝是优良的纺织纤维，是绸缎的原料。蚕原产于中国，我国至少在3000年前就开始人工养蚕了，小小的蚕为人类作出了巨大贡献。

▶ 桑蚕

**archives动物小档案**

类　属：昆虫纲—鳞翅目—蚕蛾科
身　长：6~7厘米
食　物：桑叶
分布地区：全球的温带、亚热带和热带地区

## 桑蚕

桑蚕又称家蚕，是以桑叶为食料的吐丝结茧的经济型蚕类，主要分布在温带、亚热带和热带地区。如今，人工饲养的蚕类大都是桑蚕。

## 蚕的生长

蚕的一生要经历蚕卵、蚁蚕、蚕宝宝、蚕茧、蚕蛾等阶段，共40多天的时间。刚从卵中孵化出来的蚕宝宝黑黑的像蚂蚁，我们称为“蚁蚕”。蚕宝宝以桑叶为食，不断吃桑叶后身体变成白色，经过4次蜕皮就开始吐丝结茧，在茧中进行最后一次脱皮，就变成蛹。再过大约10天，蛹羽化成为蚕蛾。

▲ 为了破茧而出的那一刻，蚕要经过40多天的辛苦蜕变

## 蚕蛾

蚕蛾的外表像蝴蝶，全身披着白色鳞毛，但由于两对翅膀较小，不能飞行。雌蛾比雄蛾个体要大一些，雄蛾与雌蛾交尾后，3~4 小时后就会死去，雌蛾一个晚上约产 500 个卵，产卵后也会慢慢死去。

▲ 蚕蛾的头部呈小球状，长有鼓起的复眼和触角；胸部长有 1 对胸足及 2 对翅；腹部无腹足，末端体节演化为外生殖器

▼ 成虫期结茧的蚕

## 实在是太辛苦了

蚕吐丝结茧时，头不停摆动，将丝织成一个个排列整齐的“8”字形丝圈。家蚕每结一个茧，需要变换 250~500 次位置，编织出 6 万多个“8”字形的丝圈，每个丝圈平均 0.92 厘米，一个茧的丝圈总长可达 700~1500 米。

### 蚕丝

中国是最早养蚕和利用蚕丝的国家，大约在 4000 多年前，中国已有养蚕的记载；到公元 6 世纪，有人将蚕茧带到了欧洲。现如今我国茧丝绸产量与出口量均占世界总量的 70 % 以上，已成为可以主导世界茧丝价格走势的茧丝绸大国。

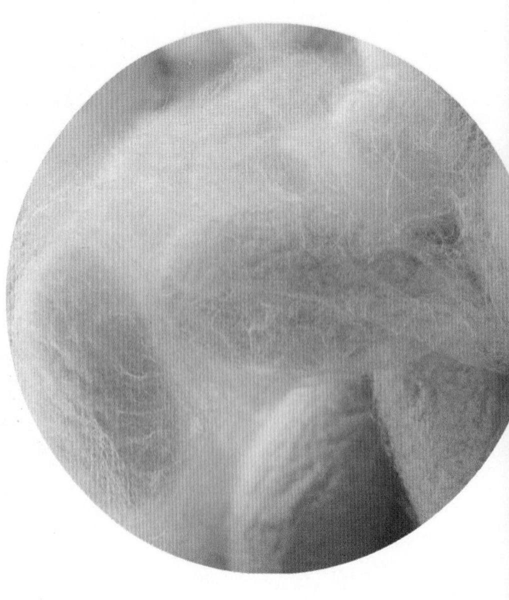

▲ 蚕茧是由一根连续的丝织成

# 螳　螂

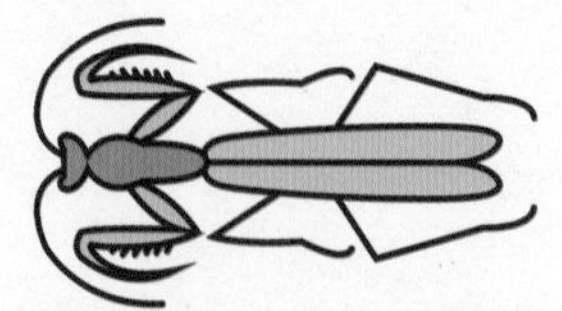

螳螂是体型较大的一种昆虫。它的体长约为 6 厘米，头部呈三角形，上面长着 1 对大的复眼及 3 个小的单眼，头顶长有 2 根细长的触角。螳螂的前足粗大并且呈镰刀状，因此也被称为“刀螂”。

## 螳螂捕食

螳螂是一种十分凶猛的肉食性昆虫，平时主要吃蝗虫、苍蝇、蚊子、蝶、蛾等昆虫，两三个月就能吃 700 多只蚊虫。它们常在猎物往来的地方等待，一旦时机成熟，就会发动攻击，将飞行中的蚊虫截获下来，整个过程只需要短短的 0.05 秒。

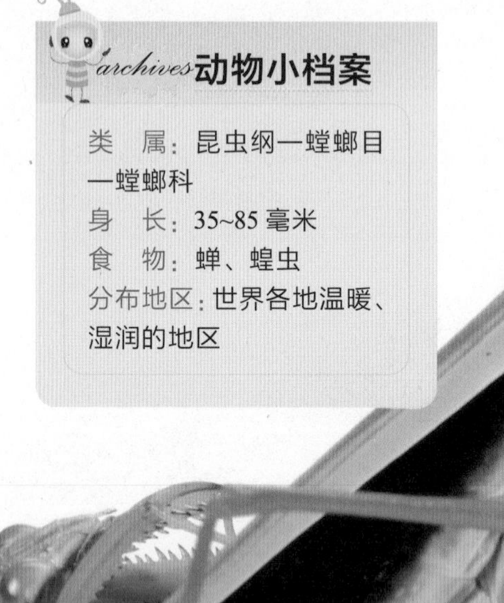

**archives 动物小档案**

类　属：昆虫纲—螳螂目—螳螂科

身　长：35~85 毫米

食　物：蝉、蝗虫

分布地区：世界各地温暖、湿润的地区

◀ 螳螂捕食

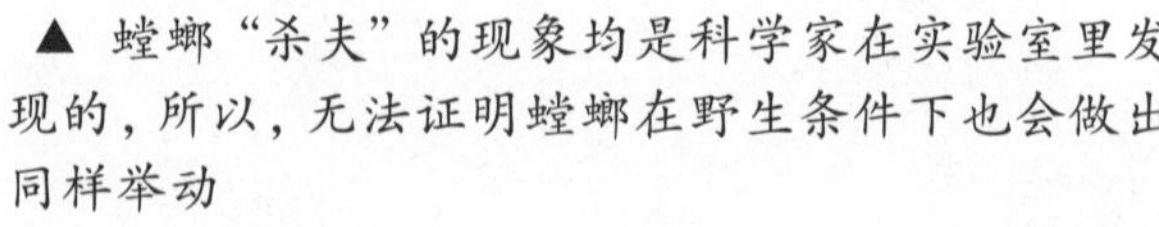

▲ 螳螂“杀夫”的现象均是科学家在实验室里发现的，所以，无法证明螳螂在野生条件下也会做出同样举动

## 善于伪装

螳螂的体色与它所栖息的叶子的颜色十分相似，因此常常有猎物误认为其是叶子而成为它的美食。如果与鸟类相遇，螳螂就会直立起身子，把前脚合并在一起，这样看起来就像是蛇的眼睛，鸟类就会吓得逃之夭夭。

◀ 眼镜蛇枯叶螳螂能把自己伪装成眼镜蛇

## 武林高手

用“静如处子，动如脱兔”来形容螳螂最恰当不过。螳螂的身段修长优雅，手执“大刀”，威风凛凛，颇有一代宗师的气度，难怪有螳螂拳和螳螂腿的武功招式呢。

▲ 螳螂凶猛好斗，两只螳螂一碰面，经常会发生战争

▲ 雄螳螂捕猎“讨好”雌螳螂

## “讨好” 雌螳螂

螳螂的性情古怪，雌螳螂在交尾后甚至会吃掉雄螳螂。所以雄螳螂有时会事先找到一只昆虫献给雌螳螂，在它吃东西时趁其不备跳到雌螳螂背上强行交尾。

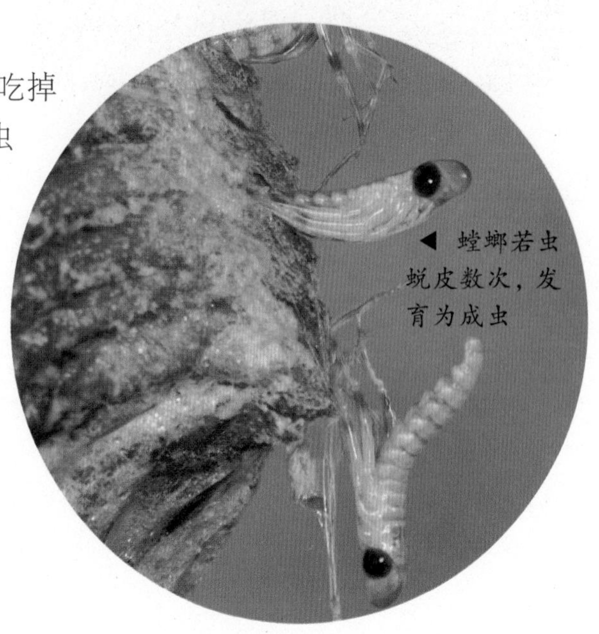

◀ 螳螂若虫蜕皮数次，发育为成虫

## 繁殖后代

每年秋季，雌螳螂会从腹部前端分泌一种黏稠的液体，并转动腹部使液体变为泡沫状，然后将卵产在液体上。产完卵后，泡沫状的液体会凝固，变成一个既保暖又防水的卵囊。卵在其中孵化成若虫，然后再羽化为成虫。

# 金龟子

金龟子是人们熟知的甲虫，种类有很多。每种金龟子都有一身坚硬的外衣——鞘翅。鞘翅的色彩千变万化，耀眼夺目，在阳光下它们总是闪着明亮的光泽。虽然外表美丽，但金龟子是一种害虫，专吃植物的嫩茎、叶，给庄稼造成很大的损害。

## 金龟子的幼虫

金龟子的幼虫统称为“蛴螬”，大多是乳白色的，背上有许多横向波纹，尾部还有很多刺毛。幼虫从卵中孵化出来后，会长时间生活在土壤中，以植物的根茎为食。长到一定程度后，幼虫就会作茧化蛹，最终变成成虫。

▲ 金龟子的幼虫

archives 动物小档案

类　属：昆虫纲—鞘翅目—金龟子总科
身　长：16~21 毫米
食　物：树叶、果实
分布地区：全球热带地区

## 长臂金龟子

长臂金龟子是一种体形比较大的金龟子，拥有非常长的前足。在繁殖期，雄长臂金龟子会将长臂伸入雌虫蛰伏的洞穴里，查看雌虫是否在洞中。如果找到了雌虫，雄虫会不停地用前足触碰和抚摸雌虫，将雌虫引诱出来。

## 铜绿金龟子

铜绿金龟子是一种十分常见的金龟子，因身体背部呈铜绿色，泛着金属光泽而得名。它们有很多奇特的习性，比如受惊后会落地装死；进食时会沿着曲折的路径蜿蜒前进，但回家时却总是走捷径。

◀ 铜绿金龟子

◀ 金龟子体壳坚硬，表面光滑，多有金属光泽；前翅坚硬，后翅膜质

金龟子用来飞翔的翅膀为膜质翅，又薄又透明，翅脉清晰可见

### 奇特的成员

金龟子中有一种奇特的成员——粪金龟，也叫屎壳郎。它们有一大怪癖，就是将哺乳动物的粪便奉为至宝。如果地上有一堆粪便，首先到达的一定是雄粪金龟，它们会利用粪便来吸引伴侣，而且谁滚的粪球越大，谁的机会就越多。

## 双叉犀金龟

双叉犀金龟也叫独角仙，是一种长有发达的头角的昆虫。它们的头很小，但头角非常巨大，末端有分叉，可以作为战斗武器，插到对手腹部下方，将对手挑翻。

▼ 双叉犀金龟背部前方长有一个向前弯曲的坚硬突起物

# 天 牛

▼ 天牛有很长的触角，有些天牛的触角比它的身体还要长

天牛为鞘翅目天牛科昆虫的总称，大多长有很长的触角，这些触角常常会超过其身体的长度。天牛种类繁多，目前已发现的超过2万种。其幼虫生活在木材中，危害树木。天牛的种类多，样貌也各有差别。

## 天牛的名称

天牛因有角似牛，善于在天空飞行，因而得名“天牛”；因为它时常发出“咔嚓、咔嚓”的声音，像是锯树的声音，所以也被称为“锯树郎”。在中国南方有些地区，它也被称为“水牯牛”“水牛”。

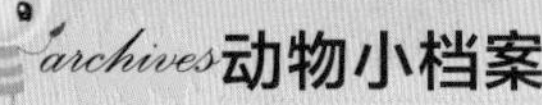

archives动物小档案

类　属：昆虫亚纲—鞘翅目—天牛科
身　长：15~50毫米
食　物：树木、树叶、果实
分布地区：除极地外的各个大陆

◀ 天牛是危害杨、柳、桑、槐、梧桐、苦楝等树木的害虫

## 天牛的外貌

天牛的种类很多，样貌也不尽相同。大多数的天牛都长有硬硬的鞘翅，长长的触角，这些触角往往比其身体还要长。由于有不少的天牛幼虫生活在树上，对树木造成很大的危害，因此很多时候天牛被认为是害虫。

▲ 天牛常见于林区、园林、果园等处，飞行时鞘翅张开不动，由内翅扇动，发出“嘤嘤”之声

▲ 天牛用有力的上颚咬破树皮，把卵产在树干里

▲ 幼虫生活于木材中，对树或建筑物造成危害

## 天牛的产卵

天牛常将卵产在树上，雌虫在产卵前先用上颚咬破树皮，然后再将产卵管插入，每孔产卵一粒，也有产多粒的。这样形成的产卵孔，其形状大小在各类间常有不同。除此之外，有的天牛并不咬孔，而是直接将卵产在树皮缝隙内。

## 天牛的幼虫

当天牛卵孵化出幼虫后，初龄幼虫即蛀入树干，在树皮下取食，待龄期增大后，有的即钻入木质，有的仍留在树皮下生活。天牛在树木内生活期间，凡是蛀蚀过的部分就会变空，形成一个专门挖的通道，这既是为了排便，也是为化蛹做好了准备。

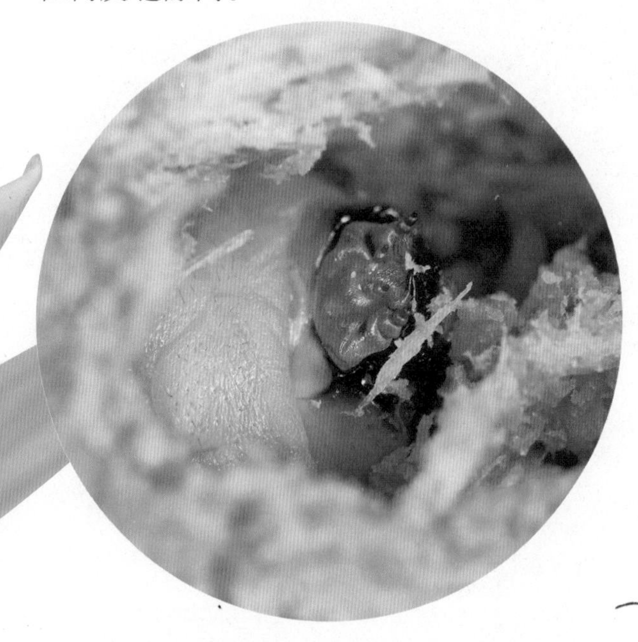

▲ 天牛幼虫呈淡黄或白色，体前端扩展成圆形，似头状，故俗名“圆头钻木虫”

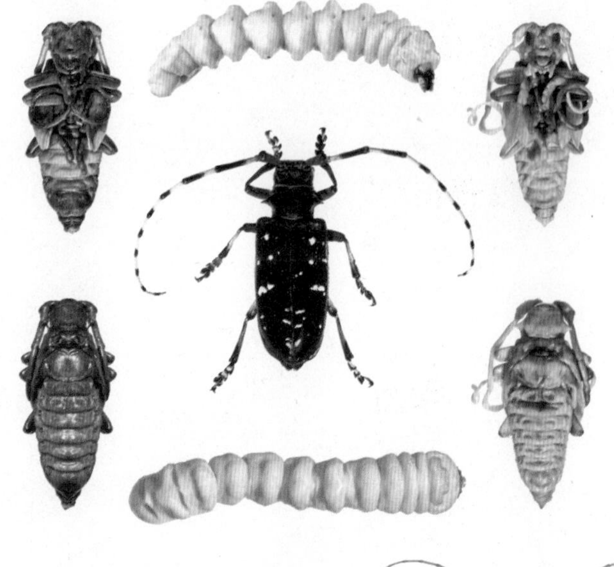

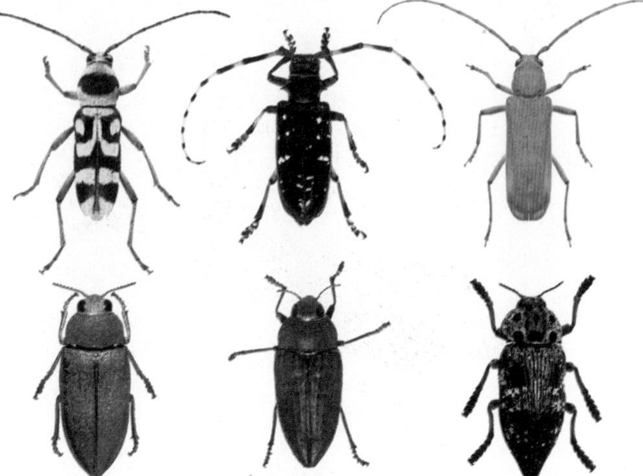

▶ 全世界有超过2万种天牛

## 日常活动

不同种类的天牛，它们成虫的日常活动时间也有很大差异。比如花天牛类，在白天就非常活跃。而有些种类的天牛则是白天不出门，晚上精神十足，而且通常能活动整晚。

# 椿 象

椿象的俗名叫“臭大姐”“放屁虫”，也叫蝽。它体态扁平，长着非常漂亮的甲壳。如果你用手碰触这种昆虫，手就会沾满臭气，很长时间都不会散去。臭气正是椿象的武器，在遇到敌害时，它就是利用奇臭无比的气味把敌人吓跑的。

archives 动物小档案

类 属：昆虫纲—半翅目—椿象科
身 长：11~14 毫米
食 物：植物的茎、叶
分布地区：除极地外，世界各地都有分布

## 身体特征

椿象体型略扁，大致呈六角状椭圆形，其头小且尖，与胸部成不规则三角形。它体长约 18~24 毫米，体宽约 10~12 毫米。通常，椿象通体呈紫黑色而略带铜色光泽，而背部具有 2 对棕色或棕褐色的膜质半透明翅。

▶ 常见的普通椿象

## 臭气专家

椿象有一种特殊的本领，在安全受到威胁时，会发出“噼啪”一声响，从尾部喷出一股“青烟”，散发出难闻的气味，令敌人闻风丧胆。椿象的“化学武器”来自它发达的臭腺，小椿象的臭腺开口在后背，长大后臭腺的开口又会转移到侧面。

◀ 椿象有臭腺孔，能分泌臭液，在空气中挥发成臭气，所以又有“放屁虫”“臭板虫”“臭大姐”等俗名

## 生活习性

椿象的寿命很短，只有 30~50 天，一年之内就能繁育数代。其卵常在苜蓿、豆类作物的枝内或树皮内过冬，在次年的春季开始孵化。椿象的飞行能力很强，但喜欢昼伏夜出，稍有惊动就会迅速逃离，因此不易被发现。

## 危害作物

进入夏季后，椿象就特别活跃，此时各种植物都生长茂盛，这就为它们的成长提供了条件。椿象喜欢咬食植物的嫩芽和果实，因此农作物的嫩芽和果实是它们最常攻击的目标。由此而来，椿象常会遭到人类的灭杀。

▲ 椿象幼虫无翅，稍具有群集性

▲ 椿象的种类繁多，其中多数是农业的害虫

# 蝗 虫

蝗虫的体色多为绿色或褐色，它们有着坚硬的口器，后足强劲，适于跳跃。蝗虫对庄稼的危害非常严重，一个大的蝗虫群每天可以吃1.6万吨食物，多惊人的数字啊！

**动物小档案**

类　属：昆虫纲—直翅目—蝗科
身　长：20~40毫米
食　物：叶子、果实
分布地区：除极地外，世界各地都有分布

▼ 蝗虫一生是从受精卵开始的，刚由卵孵出的幼虫没有翅，能够跳跃，叫做跳蝻

## 蝗虫的生长

雌蝗虫有短的产卵管，它们用产卵器挖土产卵。雌蝗虫的每一个卵囊都能孵化出上百个幼虫。2周左右的时间过后，米粒大小的幼虫便孵化而出，幼虫再经过4~5次的蜕皮就能变为成虫。

## 惊人的场面

在东非，有人亲眼见到一群蝗虫排成高30米、宽1500米的阵势前行，那场面可以用遮天蔽日来形容。经过9个小时蝗虫群才散开，场面既震撼又恐怖。

▼ 蝗虫的食物范围很广，农作物、果树、林木、杂草的根、茎、叶、花蕾、果实都吃

## 蝗灾过后

春去秋来，农民们辛辛苦苦地把一片荒地变成丰收的庄稼，此时，如果一群蝗虫铺天盖地飞来，转眼之间，庄稼就会被席卷一空，农民们一年的辛苦就白费了，蝗虫真是害人不浅。

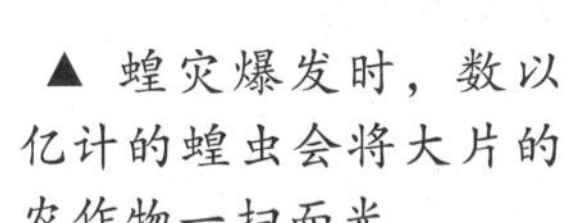

▲ 蝗灾爆发时，数以亿计的蝗虫会将大片的农作物一扫而光

## 会变色的蝗虫

有一种蝗虫可以根据不同的环境改变身体的颜色。而有些蝗虫因栖息地不同，会形成黑色、褐色、绿色的体色，这些体色可以帮助它们巧妙地隐藏在周围的环境中。

▶ 蝗虫有着十分顽强的生命力，能适应各种各样的生存环境。

▼ 沙漠蝗上颚非常适合咀嚼，能轻易切断、嚼碎植物茎叶

## 沙漠蝗

沙漠蝗所到之处，各种绿色植被无一幸免。通常，一只沙漠蝗每天要吃掉相当于自身重量 2 倍的食物。

# 蝉

每到夏天，我们都可以听到蝉为我们展示它那嘹亮的歌喉。蝉的俗名叫“知了”，其实是一种害虫，它针状的口器可以刺入树皮吸取汁液，严重破坏树木的健康。

## 恼人的“歌手”

蝉是声名狼藉的“歌手”。在夏日炎热的午后，它们为找寻配偶而大声鸣叫，音调之高，常常令人难以忍受。一些叫声很大的蝉，声音甚至可以超过120分贝。

◀ 雄蝉用腹部的发音器发出尖锐的声音

## 向往光明

蝉不同于其他的鸣虫，它有趋光性，喜欢向光明的地方飞去。当夜幕降临时，只需在树干下烧堆火，同时敲击树干，蝉便会立即扑向火光。这时候，就可以很容易地捉到它了。

▲ 蝉有趋光性

## 漫长又短暂的生命

蝉的一生大部分时间都是在漆黑的地下度过，幼虫在土中要生活6~7年。与幼虫相比，成虫的生命非常短暂，仅持续几个星期。雌虫在树干或树枝上产卵后，就掉在地上摔死了。卵在第二年孵化成无翅的幼虫，若干年后，幼虫慢慢蜕去外壳，变成一只长有羽翅的成虫。

▲ 蝉卵

▲ 蝉蛹

▲ 蝉幼虫

## 破坏树木的害虫

蝉在树上高歌时，经常会用细长如针的管状嘴插入树干，吸食植物的汁液。这时，往往会有蚂蚁、甲虫等其他虫子也跟来吮吸树汁。于是，蝉飞到别的枝头，继续用嘴插入树干，这对树木的伤害很大。

▲ 其实蝉是一种害虫，经常啃食树干的汁液，给树木健康造成很大危害

▲ 蝉的头部有针一样中空的嘴，可以刺入树体，吸食树液

▲ 蝉排泄的方式与其他昆虫不一样，它的粪液都贮存在直肠囊里，随时都能把屎尿排出体内

## 特别的自卫本领

蝉的自卫本领很特别，在逃跑时会撒尿。原来，蝉以树木的汁液为生，它们会把消化不了的汁液暂时存储起来。当受到惊吓时，为了飞得更高、逃得更快，蝉必须减轻身体的重量，于是用力收缩身体，将汁液大量排出，看起来就像“撒尿”一样。

### archives 动物小档案

类　属：昆虫纲—半翅目—蝉科
身　长：2~5 厘米
食　物：树的汁液
分布地区：全球的热带、亚热带及温带地区

### 金蝉脱壳

蜕皮是由一种激素控制的。蝉蛹的前腿呈钩状，这样，当成虫从空壳中出来时，它就可以牢牢地挂在树上。蝉蛹必须垂直面对树身，这一点非常重要。这是为了成虫两翅的正常发育，否则翅膀就会发育畸形。蝉将蛹的外壳作为基础，慢慢地自行解脱，就像从一副盔甲中爬出来。整个过程需要一个小时左右。

# 蜻　蜓

蜻蜓是我们非常熟悉的昆虫，夏季的傍晚，它们常常在水塘附近飞舞。蜻蜓的飞行速度十分惊人，它每秒能飞 5~10 米。

▲ 蜻蜓幼虫要经过十多次蜕皮，最终才能羽化为成虫

## 奇异的眼睛

蜻蜓的复眼系统由 3 万多只小眼组成，每个小眼都是六边形的，它们像一个个凸透镜，起着聚光的作用。

◀ 蜻蜓拥有巨大而突出的双眼，占头部的大部分

▲ 蜻蜓的翅膀又长又薄，几乎透明，脉络极其清晰，末端前缘还有一个黑色翅痣

## 飞行高手

蜻蜓的身体像一架灵活的小飞机，它有两对平展透明的翅膀，就像飞机的机翼，这种体型特别适合飞行。蜻蜓不仅飞得快、飞得高，而且能用许多高难度的动作飞行，比如翻圈飞、倒着飞，还可以停在空中。

archives 动物小档案

类　属：昆虫纲—蜻蜓目—蜻蜓科
身　长：4~9 厘米
食　物：蚊子、苍蝇
分布地区：全球的温带、热带地区

◀ 蜻蜓是昆虫家族中最杰出的飞行高手，就连鸟儿都自叹不如

▼ 蜻蜓的高难度飞行

## 单“引擎”飞行

蜜蜂或蝴蝶在拍打翅膀时，两对翅膀会同时扇动。但蜻蜓却可以独立地控制它的翅膀，当它的前翅向下拍时，它的后翅还可以向上扇。

## 吃虫专家

蜻蜓不仅是昆虫中的飞行冠军，还是吃虫“专家”。它每天大约要捕食1000只像蚊子、苍蝇、蝴蝶这样的小虫。当蜻蜓发现小虫时，便猛冲过去，6只脚对准目标，同时合拢。小虫就被牢牢地装进“笼子”，成为蜻蜓的美餐。

▲ 蜻蜓除了捕食蚊、蝇外，还捕食蝶、蛾、蜂等昆虫

## 蜻蜓点水

蜻蜓经常在池塘上方盘旋，或沿小溪往返飞行，在飞行时将卵撒落在水中。蜻蜓有时贴近水面飞行，把尾部插入水中，产下一些卵，又立即飞起来。这样连续产卵的动作，就是平时我们所说的“蜻蜓点水”。

◀ 蜻蜓有时会停息在水面上，将腹部插入浅水中产卵

# 蝴 蝶

蝴蝶绚丽的色彩、优雅的身姿以及对各类气候超强的适应能力，无不令人叹服。从寒冷的北极到热带雨林，从沿海、沼泽地带到高山之巅，随处可见它们的踪迹，它们是大自然最美丽的点缀。

▲ 蝴蝶不仅色彩鲜艳，翅膀上还有各种花斑

▶ 蝴蝶的嘴平时像蚊香一样盘卷起来，吸食花蜜时就会展开

## 特殊的嘴

蝴蝶长有一根中空的胃管，非常适合吸取花蜜及果实的汁液，所以经常能见到蝴蝶飞舞在花丛中，或是停在腐烂的水果上。

## 防水措施

所有的蝶类在下雨天都不用“打伞”，因为它们的翅膀鳞片上富含油脂，不会被雨水打湿，所以在雨中也能见到它们翩翩起舞的身影。不过，它们通常会收起美丽的翅膀，等雨过天晴后再飞到花丛中。

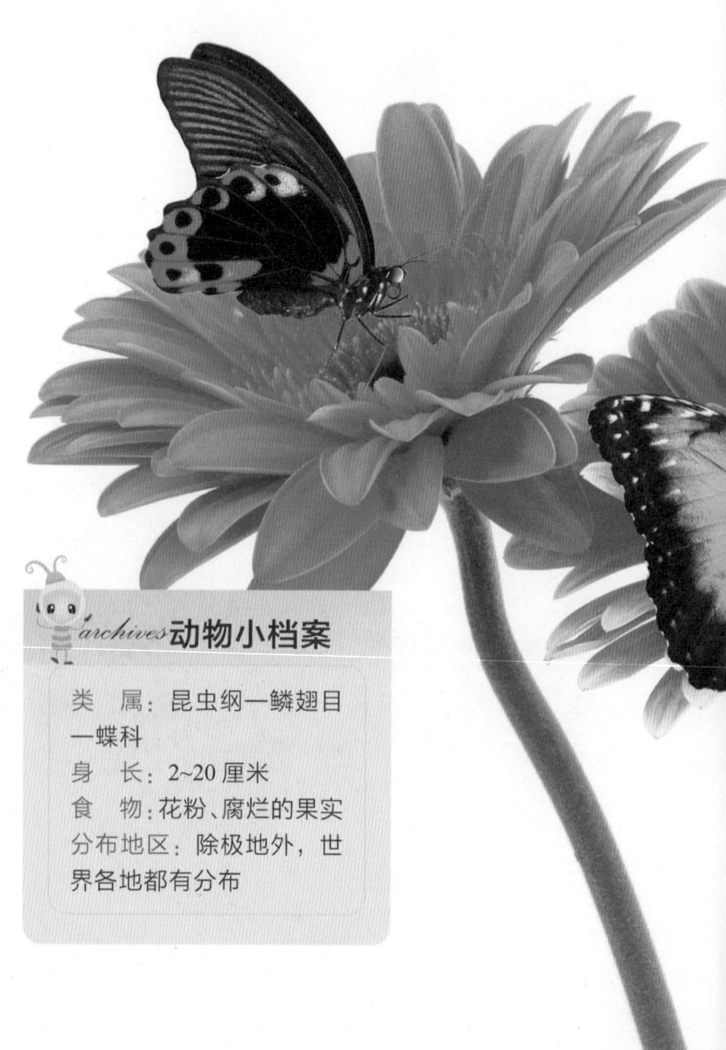

archives 动物小档案

类　属：昆虫纲—鳞翅目—蝶科
身　长：2~20 厘米
食　物：花粉、腐烂的果实
分布地区：除极地外，世界各地都有分布

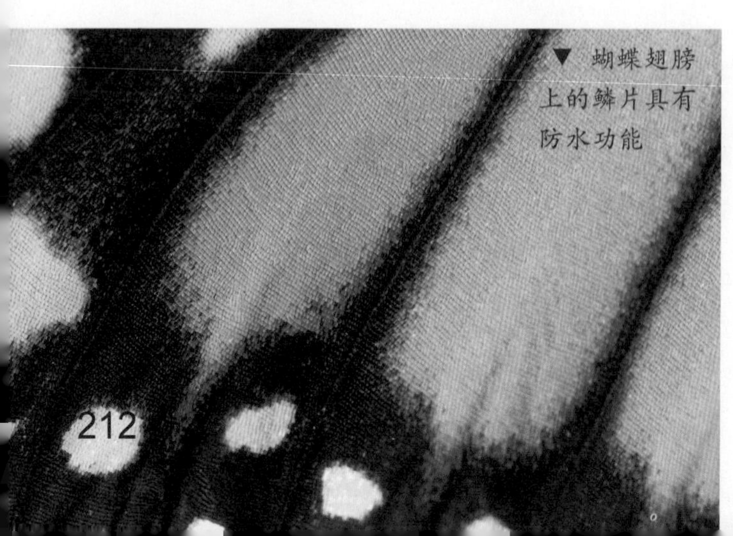

▼ 蝴蝶翅膀上的鳞片具有防水功能

◀ 蝴蝶一般将卵产于幼虫喜食的植物叶面上，为幼虫准备好食物

▲ 蝴蝶一生会经过四个阶段：卵、幼虫、蛹、成虫

## 大自然的戏法

蝴蝶的卵要经过幼虫转化为蛹，再从蛹羽化为成虫，这样的过程被称为完全变态。由丑陋的幼虫变为鲜艳、美丽的蝴蝶，它们的外貌发生了如此巨大的变化，这真是大自然绝妙的戏法啊！

## 蝴蝶中的色盲

纹白蝶无法分辨粉红色和黄色，会把这两种颜色当成是紫色。因为分不清颜色，它常常会成为停在粉红色花朵上的黄蜘蛛的点心。

▶ 纹白蝶又名菜粉蝶，是生命力最顽强、数量最多的蝴蝶之一

## 飞舞在冬天里的蝴蝶

到了冬天，有一些蝴蝶会找一处避风的地方，把足都蜷缩起来，紧紧地收拢翅膀，让自身的活动和消耗减到最小。当太阳高照的时候，它们就会出来享受日光浴，汲取更多的能量。所以在冬天里也能见到这些会飞的美丽“花朵”。

▼ 部分南方的蝴蝶是以成虫状态越冬的

# 蛾

蛾与蝴蝶都有着艳丽的外表，形态也十分相似。大多数蛾都长有 2 对翅膀，上面披着数千枚瓦状重叠的小鳞片。它们身体上醒目的图案就是由这些鳞片组成的。蛾有趋光性，喜欢向光明的地方飞去，有时会因此而丧命。

archives 动物小档案

类　属：昆虫纲—鳞翅目—蛾科
身　长：4~30 厘米
食　物：树叶、腐烂的果实
分布地区：除极地外，世界各地都有分布

## 如何区分蛾与蝶

蝴蝶有小鼓棒一样的触角，而蛾的触角通常是丝状、羽毛状。蛾的身体上多毛，而蝴蝶身体上的毛很少，蝴蝶一般在白天活动，而蛾一般在夜间活动。通过以上对比，我们就可以很容易地区分出它们。

▲ 蝴蝶的身体颜色比较鲜艳，还有美丽的花纹

▲ 蛾的身体颜色比较暗淡，翅膀上还有可以吓唬敌人的似眼花纹

### 飞蛾扑火

夏日的夜晚，只要灯亮着，就有飞蛾在周围打转飞行。原来，飞蛾在夜间飞行时，需要通过光亮来判定方向，而它们的两只眼睛对光线的敏感度不一样，会不停地调整方向，往光线更强的地方飞行，因而常绕着光源打转。

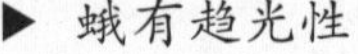

▶ 蛾有趋光性

## 长尾大蚕蛾

长尾大蚕蛾翅膀展开达 90~110 毫米，身体为白色，翅膀呈淡黄色。后翅尾部呈飘带状，长达 85 毫米，很像那种带有长飘带的蝴蝶风筝。

▲ 长尾大蚕蛾

## 漂亮的孔雀蛾

孔雀蛾全身披着红棕色的绒毛，翅膀上面点缀着漂亮的“眼睛”，有黑得发亮的“瞳孔”和由许多色彩镶成的“眼帘”。它是由一种长得极为漂亮的毛虫变来的，靠吃杏叶为生。

## 无私的冬尺蠖蛾

雌冬尺蠖蛾没有翅膀，靠分泌体液引来雄蛾交配。寒冷来临时，冬尺蠖蛾会脱除腹部的毛，盖在卵上，帮助卵宝宝平安地度过这段严寒。

▲ 孔雀蛾

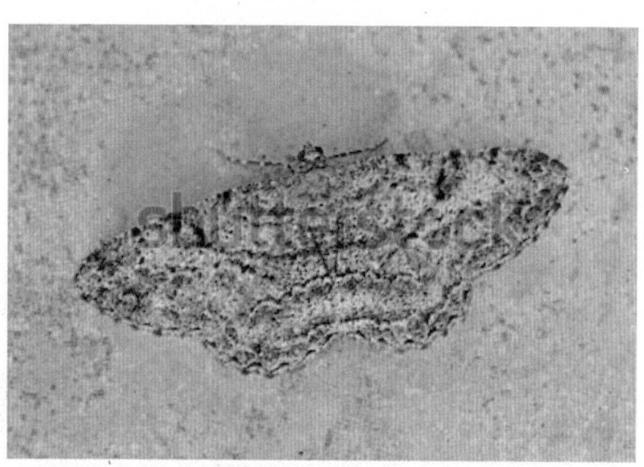

▲ 冬尺蠖蛾

▼ 蛾子里有不少色彩鲜艳的美丽品种

彗尾蛾

玉米天蚕蛾

乌桕大蚕蛾

象鹰蛾

绿尾大蚕蛾

昆虫